Kratzsch-Leichsenring

Güterverkehr im Modell

Michael Kratzsch-Leichsenring

# Güterverkehr im Modell

## Planung, Bau und Betrieb

transpress

# IMPRESSUM

Einbandgestaltung: Dos Luis Santos
Titelbild: Anlage Eisenbahnclub Leinefelde
Foto: Michael U. Kratzsch-Leichsenring

Bildnachweis:
Die zur Illustration dieses Buches verwendeten Aufnahmen stammen – wenn nichts anderes vermerkt ist – vom Verfasser (siehe Anhang).



ISBN 978-3-613-71749-7



1. Auflage 2025
(unveränderter Nachdruck der 1. Auflage 2011)

Sie finden uns im Internet unter www.transpress.de



Lektor: Hartmut Lange
Innengestaltung: Leikra Fotografie
Repro: Leikra Fotografie, Trinom Publikation
Druck und Bindung: Hunter Books GmbH, 64295 Darmstadt
Printed in Germany

# Güterverkehr auf der Modelleisenbahn

Die deutschen Eisenbahnen feierten im Jahr 2010 ihren 175. Geburtstag. Obwohl am Anfang belächelt, ist der Güterverkehr auf der Schiene fast genauso alt. Was mit zwei Fässchen Bier begann, ist heute trotz aller Konkurrenz der Straße noch immer ein wichtiger Wirtschaftsmotor. Gleichwohl hat sich die Bedeutung des Güterverkehrs auf der Schiene in seiner Geschichte mehrfach gewandelt. Lag seine Stärke ursprünglich in der regionalen Versorgung, spielen heute eher europäische Dimensionen eine Rolle.

Die Fortschritte des Güterverkehrs auf der Schiene hingen und hängen bis heute vor allem von drei Faktoren ab: Dem Leistungsvermögen der Lokomotiven, der Bremsleistung des kompletten Zuges sowie der Tragfähigkeit der genutzten Waggons. Diese wiederum wird nicht unwesentlich vom Aufbau der Gleise und Strecken beeinflusst.

Die Vorteile des Schienengüterverkehrs lagen im 19. Jahrhundert rasch auf der Hand, weshalb zahlreiche Kommunen befürchteten, ohne Bahnanschluss bald ins wirtschaftliche Abseits zu geraten. Der freien Verkehrsentfaltung des in der ersten Hälfte des 19.Jahrhunderts noch recht lückenhaften deutschen Bahnnetzes standen jedoch unterschiedliche Standards und Regularien entgegen. So gab es anfangs keine Vereinbarungen zum Wagenübergang auf fremde Bahnen, weshalb in den Grenzbahnhöfen die Güter regelmäßig umgeladen werden mussten. Hinzu kamen zahlreiche zollrechtliche Bestimmungen.

Große Fortschritte brachte hier die Gründung des Deutschen Reiches im Jahr 1871 mit vergleichsweise wenigen starken Ländern. Zudem tat das Militär ein Übriges, im Sinne eines raschen Truppenaufmarsches die Vereinheitlichung bei Bahnen durch entsprechende Gesetzesinitiativen voranzutreiben. Eine echte Vereinheitlichung erfolgte jedoch erst mit der Gründung der Deutschen Reichsbahn 1920. Viele der in den Folgejahren festgelegten Prinzipien gelten bis heute fort.

Im Modell spielt der Güterverkehr vor allem wegen seines Spielwertes eine Rolle, wie man bereits bei kindlichen Einsteigern beobachten kann, deren größte Freude es ist, Bauklötze und ähnliches per Bahn zu transportieren. Im aktuellen digitalen Zeitalter bieten sich dann zahlreiche Lösungen, Güterverkehr im Modell attraktiv zu machen: Automatische Kupplungen, funktionsfähige Kräne oder Wagen mit automatisch zu öffnenden Türen.

Das vorliegende Buch soll den Leser mit den verschiedenen Aspekten des Güterverkehrs vertraut machen und Wege aufzeigen, diesen glaubwürdig ins Modell umzusetzen. Das Themenspektrum reicht dabei von den baulichen Anlagen über typische Betriebsabläufe bis hin zur Zugbildung.

Michael U. Kratzsch-Leichsenring
Volmershoven-Heidgen

# INHALTSVERZEICHNIS

## 5 Ladestraßen

## 6 Anschlussbahnen

## 7 Zugbildung

## 8 Anhang

# 1 Impressionen

**Wie beim Vorbild lebt für die meisten Modelleisenbahner auch im Kleinen der Güterverkehr vor allem vom glaubwürdigen Zusammenspiel von Industrieanlagen und den zugehörigen**

**Zuggattungen. Der eindrucksvolle Gasometer hinter dem von einer E 91 geführten Kohlezug (alles Roco) vermittelt die unmittelbare Nähe ausgedehnterer Industrieanlagen.**

**Die Nachbildung derart ausgedehnter und großzügiger Gleisanlagen wie zum Beispiel des Zugbildungsbahnhofes Osterfeld in der Modellwelt Oberhausen ist der Traum vieler. Aller-**

dings stehen nur Wenigen die dafür notwendigen räumlichen und auch finanziellen Möglichkeiten zur Realisierung solcher anspruchsvollen Großprojekte offen.

**Neben der Montanindustrie bieten auch Hütten- und Stahlwerke mit ihren verzweigten Anschlussbahnen vielfältige Rangier- und Spielmöglichkeiten. Dazu bieten diese Themen den**

**unschätzbaren Vorteil, statt auf großen Anlagen bei entsprechender Hintergrundgestaltung auch auf überschaubaren Betriebsdioramen sehr glaubhaft umgesetzt werden zu können.**

Vor allem bei Großbahn-Innenanlagen beschränken sich viele Modellbauer auf Feldbahn-Dioramen von oft weniger als einem Quadratmeter Grundfläche, um dort sehr detailreich gestaltete Szenen nachzubilden. Die Betriebsmöglichkeiten und damit das Spielvergnügen müssen angesichts am H0-Maßstab orientierter Spurweiten und somit recht enger Gleisradien unter der Einengung kaum leiden.

Die Beschränkung auf einen kleinen Ausschnitt lässt dem Großbahn-Modellbauer viel Freiraum für die maßstabsbedingte Detailgestaltung, die so im üblichen H0-Bereich nur schwer möglich ist.

Weinhaus an der Döppe

Ein reizvoller Aspekt bei der Nachbildung von Güterverkehr im Modell ist die Verknüpfung der unterschiedlichsten Verkehrsträger. Während die Kombination Schiene-Straße quasi zum

**Standard gehört, sind Anlagen mit Hafenmotiven eher selten. Dabei bilden vor allem Fluss- oder Kanalhäfen mit oft nur einem Kai interessante und spielintensive Vorbilder.**

Nicht immer muss es beim Thema Güterverkehr im Modell um deutsche oder europäische Motive gehen. Nicht minder hoch im Kurs stehen die amerikanischen Waldbahnen. Deren Fas-

**zination begründet sich jedoch nicht allein in der Landschaft, sondern vielmehr auch in der Vielfalt der technisch bisweilen recht urtümlich wirkenden Lokomotiven und Triebwagen.**

# 2 ENTWICKLUNG

Zu Beginn des Bahnzeitalters in Deutschland lieferten die ersten Schienen ebenso wie die Lokomotiven und Tender englische sowie belgische Hersteller. Die Wagen, dann weitestgehend in Deutschland und nach den Konstruktionsprinzipien der Pferdekutschen gebaut, bestanden bis auf die Radsätze und Achslager überwiegend aus Holz. Die Ursache dafür war einmal die nahezu unbeschränkte Verfügbarkeit des Materials und der Fachkräfte zur Herstellung, zum anderen aber auch das Fehlen eines leistungsfähigen Hüttenwesens zur Eisen- und Stahlerzeugung in der für den Bahnbau benötigten Menge.

Der Fortschritt in der Montan- und Stahlindustrie kam erst mit dem der Eisenbahnen in Schwung, denn nur mit dem neuen Verkehrsträger Schiene war es möglich, große Mengen an Kohle oder Erz preiswert und über größere Entfernungen zu transportieren. Dies war nicht nur zur Versorgung größerer Hütten nötig, sondern brachte durch die breite Nutzbarmachung der Kohle als Energieträger die Industrialisierung in ganz Deutschland in bis dato ungeahnter Weise voran.

Schon Mitte des 19. Jahrhunderts gab es in Deutschland zahlreiche namhafte Schienenfahrzeughersteller, die auch konstruktiv sehr eigenständig waren und das Bahnwesen insgesamt sehr nachhaltig beeinflussten.

Die ersten Wagen der Eisenbahnen entsprachen, wie erwähnt, in ihren Konstruktionsprinzipien auf Schienen gestellten Pferdekutschen. Gebremst wurden die Fahrzeuge, wenn überhaupt, direkt von Hand mittels Klotzbremsen, betätigt über Hebel und später Spindeln. Im Original ist dies heute noch an einigen Exponaten im Deutschen Technikmuseum Berlin oder dem Verkehrsmuseum Dresden zu sehen.

Vor allem bei den Güterwagen waren die resultierenden Tragkräfte mit wenigen Tonnen zunächst vergleichsweise gering. Ähnlich verhielt es sich mit den möglichen Zug- und Stoßkräften im Zugverband, nicht zuletzt auch wegen der nur mit Leder und Filz geschützten Puffer. Erst mit der zunehmenden Verwendung von Eisen und Stahl im Waggonbau und der Einführung federnder Puffer und Zughaken in der ausgehenden zweiten Hälfte des 19. Jahrhunderts änderte sich dies grundlegend und nachhaltig.

**Schwer arbeitene Dampfloks vor langen Zügen sind Sinnbild des Güterverkehrs schlechthin, auch wenn es sich, wie im Oktober 2002 in Zella-Mehlis, nur um Fotofahrten handelt.**

**Typisch für die Frühzeit der Bahnen ist die der Leipziger Bahnhöfe Mitte des 19. Jahrhunderts: Jede Gesellschaft besitzt eigene Bauten und es gibt keine weiträumige Trennung der Verkehrsarten.**

Befördert wurden Züge in der Frühzeit der Eisenbahnen stets gemischt – eine Trennung in Personen- und Güterzüge unterblieb aus wirtschaftlichen Gründen. Bei vielen Eisenbahngesellschaften war es zudem in den ersten Betriebsjahren üblich, parallel zum kostspieligen Lokeinsatz einige Züge (auf Teilstrecken) mit Pferden zu befördern.

Ebenso unbekannt war daher auch die Trennung in Personen- und Güterbahnhöfe. Vielmehr waren die Bahnhöfe der Frühzeit umzäunte Areale mit größeren Hallen, in denen die Züge ankamen und abfuhren. Zu den jeweiligen Ladungshallen gelangten die Wagen zudem über eine vielzahl von Drehscheiben, denn leistungsfähige Weichen gab es in den ersten Jahren der Bahngeschichte gleichfalls nicht.

Zudem kannte man im Güterverkehr nur offene und geschlossene Wagen. Letztere waren auch deshalb nötig, weil viele Waren aus zolltechnischen Gründen verplombt befördert werden mussten. Flüssigkeiten transportierte man in Fässern oder Glasbehältern in Standardwagen

**Zur Nachbildung der frühen Jahre der Bahnen gibt es selbst in der weit verbreiteten Nenngröße H0 nur wenige Großserienmodelle von Loks (hier Trix) und wirklich dazu passenden Waggons (Roco),**

## Modellbahn-Epochen

- Epoche I: Sie beginnt 1835 mit der Eröffnung der ersten deutschen Eisenbahn und endet 1920. Sie ist die Zeit der Länderbahnen und eines sehr bunten Erscheinungsbildes der Bahntechnik, geprägt von regionalen Besonderheiten. Das Modellangebot für diese Zeit ist dünn, wächst aber stetig.
- Epoche II: Die Zeit der Deutschen Reichsbahn von 1920 bis 1949, geprägt von Standardisierung und Modernisierung. Sie stellt die Blütezeit der Dampfloks dar und endete mit dem Zweiten Weltkrieg und dessen Folgen. Für die Nachbildung im Modell steht eine breite Palette an Schienenfahrzeugen zur Verfügung.
- Epoche III: Die Nachkriegs- und Wiederaufbauzeit von 1949 bis 1968/70. Neubau-Diesel- und E-Loks finden rasch Verbreitung, Dampfloks geraten trotz einiger Neubautypen bald ins Hintertreffen. In Deutschland existieren mit der Deutschen Bundesbahn (BRD) und der Deutschen Reichsbahn (DDR) zwei Staatsbahnen in einem geteilten Land. Für die beliebteste Modellbahnepoche bleiben bezüglich der Fahrzeuge kaum Wünsche offen.
- Epoche IV: Die Zeit der EDV-Nummern. Sie beginnt 1968 (BRD) bzw. 1970 (DDR) und endet 1993.Der Traktionswandel ist ganz (BRD) oder weitgehend (DDR) abgeschlossen. Vorkriegsfahrzeugtypen sind verschwunden und der Betrieb von weitgehender Rationalisierung gekennzeichnet. Das Modellangebot ist breit gefächert.
- Epoche V: Sie beginnt mit der Gründung der Deutschen Bahn AG 1994. Neue Lok- und Betriebskonzepte wie der Hochgeschwindigkeitsverkehr oder die beginnende Liberalisierung des Eisenbahnmarktes mit zahlreichen neuen Privatbahnen machen diese Zeit vor allem bei jüngeren Modellbahnern beliebt.
- Epoche VI: Die europaweit agierende Bahn seit 2007/2008. Wie in Epoche V ist das Fahrzeugangebot groß.

**Ende des 19. Jahrhunderts führten vereinfachte Gesetze zur Errichtung zahlreicher Schmalspurbahnen zur Versorgung dünn besiedelter Gebiete Mecklenburgs und (Vor-) Pommerns oder schwierig zu trassierender Mittelgebirgstäler, etwa Sachsens. Erste dienten vor allem der Abfuhr landwirtschaftlicher Produkte.**

## Fortschritt mit Spezialisierung

Mit zunehmendem Fortschritt im Maschinenbau und damit verbunden der wachsenden Bedeutung des Systems Eisenbahn für die weitere wirtschaftliche Entwicklung rückte auch die Frage der Transportgeschwindigkeit in den Mittelpunkt. Langsam genügte es nicht mehr, Waren allein zu transportieren. Das bei vielen Zügen übliche Halten an jeder Station mit entsprechenden Rangiermanövern führte schließlich ab 1850 dazu, dass man zunächst auf Hauptstrecken Züge in Reise- und Güterzüge trennte. Letztere unterschied man bald darauf wiederum in Nah- und Durchgangsgüterzüge.

In der Folgezeit entwickelte sich die Eisenbahn trotz bestehender Ländergrenzen dank entsprechender bilateraler und auch internationaler Abkommen zum (freizügigen) Wageneinsatz (Reglement Internationale de Vehicles - RIV) hervorragend und wurde dadurch zu einer wichtigen Stütze der jeweiligen Wirtschaftssysteme. Rasch entstanden am Rande der Städte eigene Bahnhöfe nur für den Güterverkehr. Um

sie herum entwickelten sich neue Industrieansiedlungen. Deren Nähe zur Bahn war vor allem für die Energieversorgung in Form regelmäßiger Kohlelieferungen zum Betrieb der vorherrschenden Dampfmaschinen wichtig.

Um nicht von der wirtschaftlichen Entwicklung abgekoppelt zu werden, verlangten vor allem nach 1871 zahlreiche Kommunen einen eigenen Bahnanschluss. Oft kam der jedoch aus wirtschaftlichen Erwägungen heraus nicht zu Stande. Halfen auch keine militärstrategischen Argumente, war oft die Errichtung von Klein- und Schmalspurbahnen eine Lösung. Erleichtert wurde diese auch durch eine entsprechende Gesetzgebung, etwa in Preußen ab 1892. Der Ausbau des deutschen Schienennetzes war im Wesentlichen bis zum Beginn des Ersten Weltkrieges 1914 abgeschlossen.

Ein wichtiger Durchbruch für den Schienengüterverkehr war die nach erfolgreichen Versuchen ab 1910 beginnende Ausstattung aller Wagen mit durchgehenden Bremsleitungen und Druckluftbremsen. Die bis dato mit den meisten Güter-

**Der Güterbahnhof Güsten Anfang der 1930er-Jahre: Links ist die Ortsgüteranlage mit großem Schuppen zu erkennen, mittig die Aufstell- und Zugbildungsgleise. Am rechten Bildrand sind Teile des örtlichen Bahnbetriebswerkes sichtbar. Die Radien der Durchfahrgleise sollen erweitert und dazu Weichenverbindungen (Mitte) verändert werden.**

**Vierachsige Selbstentladewagen, in Ganzzügen von schweren Elektroloks wie der E 95 zwischen Zechen und Kraftwerken gefahren-dies war Ende der 1920er-Jahre moderner Güterverkehr in Schlesien.**

zügen mitfahrenden Bremser und wurden überflüssig und viele Züge konnten in Gefällestrecken rascher abgebremst werden. Dies wirkte sich nicht nur positiv auf die Beförderungsgeschwindigkeiten aus, sondern auch auf die möglichen Zuglasten.

## ■ Blütezeit Deutsche Reichsbahn

Weitere Fortschritte brachte nach einer deprimierenden Phase am Ende des verlorenen Weltkrieges schließlich ab Mitte der 1930er-Jahre die grundlegende Modernisierung des Lokomotivparks der Reichsbahn durch die Einheitsloks der Baureihen 43, 44 sowie 50 und die Beschaffung leistungsfähiger Elektroloks wie der Baureihen E 93/94 und E 44. Stete Verbesserungen der Fertigungs- und Schweißtechnik schlugen sich zudem in technischen Weiterentwicklungen der Güterwagen nieder. In der Kraftwerksversorgung mit Kohle setzten neu entwickelte vierachsige Selbstentladewagen, teils sogar mit automatischer Kupplung ausgerüstet, Maßstäbe.

**Zur besseren Bedienung bahnhofsferner Kunden setzte die Deutsche Reichsbahn seit Ende der 1920er-Jahre eigene LKW in Sonder- und Linienverkehren ein. Gesetzliche Regelungen erlaubten allerdings nur den Nahverkehr.**

Leider setzte der Zweite Weltkrieg dieser positiven Entwicklung des Schienengüterverkehrs ein jähes Ende und anstelle von Innovationen trat bei der Reichsbahn die Logistik mit allen Mitteln zur Unterstützung von Deportation und Krieg.

In der unmittelbaren Nachkriegszeit und bis weit in die Epoche III (siehe Kasten Seite 23) hinein war die Eisenbahn als Verkehrsträger im Güternah- und -fernverkehr aber weiter von großer Bedeutung. Neben den Massengütern der Montan- und Schwerindustrie transportierte sie auch in der Fläche zahllose Stückgüter im Einzelwagenverkehr. Ein weiteres wichtiges Standbein war nicht zuletzt die Energieversorgung zahlreicher Haushalte und Kleinbetriebe in Form von Kohle für den Hausbrand. Hinzu kamen die zahllosen Wagenladungen Lokomotiv- und Kraftwerkskohle für den eigenen Bedarf. Sie machten in den 1950er-Jahren fast 40 Prozent des gesamten Frachtaufkommens aus.

Diese Eckdaten dürften für die meisten Modellbahner auch der Grund sein, gerade diesen Zeitraum auf der eigenen Anlage nachzubilden. Bunt gemischte Züge verkehrten mit einer wahren Vielfalt von Wagen und jeder Bahnhof besaß neben der Ladestraße und dem Güterbodengleis zumindest im städtischen Umfeld noch mehrere Werksanschlüsse.

**Zum Ende der 1980er-Jahre hin beschränkte sich der DB-Güterverkehr in der Fläche zunehmend auf größere Kunden, die täglich Wagengruppen oder Ganzzüge auf die Reise schickten. Zur weiteren Rationalisierung trugen schließlich automatische Rangierkupplungen und Funkfernsteuerungen bei.**

## Ende der Idylle

Beim Vorbild änderte sich diese Situation mit der immer besseren Ausstattung der LKW. Waren diese noch in den 1930er-Jahren eine Ergänzung des Angebotes im Nahverkehr und unterlagen strengen Reglementierungen, erwuchsen sie spätestens Ende der 1960er-Jahre in Westdeutschland zu einer ernsthaften Konkurrenz für die Bahn. Als der Boom der Wirtschaftswunderjahre mit seinem enormen Ressourcenbedarf auf Schiene und Straße abklang und Schnelligkeit sowie Flexibilität zu den neuen Kenngrößen im Transportgewerbe wurden, erlaubten LKW zunehmend auch auf Fernstrecken den Spediteuren nahezu uneingeschränkte Transportangebote.

Neben der mangelnden Flexibilität der DB waren allerdings auch ungleiche ökonomischen Rahmenbedingungen in der Finanzierung der Infrastruktur Ursache für die entstehende Schieflage im Transportgewerbe. Daran konnten auch neue Konzepte wie Ganzzug- und Containerverkehre sowie moderne Kipp- und Schiebewandwagen nur wenig ändern.

**Zur Rationalisierung ihres Einzelwagenverkehrs setzte die Bundesbahn auf wenige aber leistungsfähige Knotenbahnhöfe. Zu den größten Neubauten zählt zweifelsohne der Rangierbahnhof Maschen vor den Toren Hamburgs. Er spielt heute auch bei der Versorgung des Hafens eine tragende Rolle.**

Hinzu kam seit den 1980er-Jahren ein recht enormer Rückgang im Frachtaufkommen durch die Veränderungen der deutschen Industrielandschaft. Weite Teile der Kohleförderung, also Zechen und Tagebaue, verschwanden ebenso wie ein bedeutender Teil der Stahlverarbeitung. Auch benutzen heute immer weniger Haushalte Kohle zum Heizen.

Zusätzlich erfolgte zur Optimierung der Transportkosten und auch -zeiten eine Konzentration im Bereich der Güterbahnhöfe und Lager. Dem fielen vor allem zahlreiche Güterstrecken in der Fläche zum Opfer. Der LKW-Nachlauf ist heute bedeutend länger als noch vor 30 Jahren, wodurch viele Ladestraßen verödeten oder zu Parkplätzen mutierten beziehungsweise ganze Güterbahnhöfe Baugebieten wichen.

## Sonderfall Reichsbahn

Bei der Deutschen Reichsbahn (DR) in der DDR verlief die Entwicklung nach dem Zweiten Weltkrieg etwas anders. Ressourcenknappheit und die rigide Wirtschaftspolitik mit der

**Selbst untergeordnete Bahnknoten wie Haldensleben besaßen dank zahlreicher Anschlussbahnen und Nebenstrecken mit regem Güterverkehr ein hohes Aufkommen an gemischten Nah- und Durchgangsgüterzügen, bis in die 1980er-Jahre gar dampfbespannt.**

unbedingten Bevorzugung der Schiene sicherten der DR bis zur politischen Wende 1989 hohe Frachtraten. Dieses wiederum garantierte etlichen Nebenbahnen, des Personenverkehrs aus wirtschaftlichen Gründen bereits längst entledigt, den Fortbestand. Nur die zahlreichen Schmalspurbahnen sowie einige Kleinbahnen fielen nicht darunter. Durch einen so genannten Verkehrsträgerwechsel verschwanden sie in den 1960er-Jahren weitestgehend von der Landkarte.

In der Konsequenz verfügten auch kleinere Bahnstationen über gut ausgebaute Ladestraßen und entsprechend frequentierte Güterschuppen. Trotzdem unternahm auch die DR große Anstrengungen zur Straffung ihrer Strukturen und Umsetzung zeitgemäßer Betriebskonzepte wie etwa die Einführung von Ganz- oder Containerzügen.

Der drastische Einbruch im Frachtaufkommen auf der Schiene erfolgte in Ostdeutschland erst 1989/90, dafür allerdings um so heftiger. Viele Güterverkehrsanlagen verfielen in kürzester Zeit durch Aufgabe und Vandalismus.

## ■ Güterbahnen heute

Daher zeigt sich der Güterverkehr seit der Epoche V in einem neuen Bild, obgleich einige Wesenszüge der alten Bahn bis heute erhalten blieben. Nahgüterzüge, die auf jedem Bahnhof rangieren und Wagen aussetzen oder aufnehmen, sind die große Ausnahme. Auf Strecken mit entsprechenden Anschlüssen, etwa einem Getreidehandel, einem Sägewerk beziehungsweise Holzumschlagplatz oder aber einem größeren Tanklager, gibt es sie heute noch in Form der Bedienfahrten. Neu ist dabei aber der Ersatz von Lokführer und Rangierer durch Lokrangierführer mit funkferngesteuerten Fahrzeugen.

Auch erleben Güterverkehrszentren, früher profan Containerbahnhof genannt, eine Renaissance, seitdem nicht nur Stückgut-Container, sondern auch komplette Sattelauflieger und Wechselpritschen sowie zunehmend Spezialcontainer für Flüssigkeiten und Staubgut umgeschlagen werden. Oft besitzen diese im Gegensatz zu normalen Güterbahnhöfen auch noch längere Ladestraßen oder Rampen.

**Der DR-Güterverkehr litt bis zum Ende der DDR unter einem chronischen Mangel an Rollmaterial. Das enorme Frachtaufkommen bescherte neben überfüllten Bahnhöfen, wie hier Halle (Saale), diversen Altbauloks wie E 94/BR 254 ein Überleben bis Anfang der 1990er-Jahre.**

**Der ab Mitte der 1990er-Jahre mögliche Wettbewerb im Güterverkehr bescherte neben neuen Farben auch neue Loktypen, beispielsweise die rumänischen LDE 2100. Die Karsdorfer Eisenbahn beförderte mit ihnen die meisten ihrer Mineralölzüge, wie hier im Frühjahr 2002 in Nossen. Die Ladegleise dienten dort nur als Schadwagen- und Reparaturgleis.**

Die Rationalisierung der Betriebsabläufe und der enorme Kostendruck führten jedoch bei der Deutschen Bahn im Vergleich zur Epoche III zu einem erheblichen Personalabbau. War ein dampfgeführter Nahgüterzug seinerzeit mit etwa vier Personen besetzt (Lokführer, Heizer, Schaffner, Wagenmeister) und jeder Bahnhof mit eigenen Rangierern, genügt heute ein so genannter Lokrangierführer. Mittels Fernbedienung ist er in der Lage, bei allen notwendigen Fahrten stets selbst die Zugspitze zu besetzen. Das Stellen der Weichen erfolgt entweder per Hand oder nach Anforderung über elektronische Stellwerke. Dabei spielt es keine Rolle, ob der Verkehr von der Deutschen Bahn oder privaten Anbietern abgewickelt wird.

Einen deutlichen Schub für den Güterfernverkehr brachte die Bahnreform von 1994 mit der Überführung der beiden deutschen Staatsbahnen in die DB AG und die Öffnung des gesamten Schienennetzes für private Anbieter. Nicht zuletzt dank zahlreicher ausgemusterter DR-Lokomotiven sowie baugleicher Fahrzeuge aus Polen gab es erstmals Wettbewerb.

Nachdem seit Ende der 1990er-Jahre auch leistungsfähige Elektro- und Neubau-Diesellokomotiven zur Verfügung stehen, ist das Bild der Züge deutlich bunter geworden.

Ein Grund für den Erfolg der Privatbahnen ist deren ob der schlankeren Verwaltung günstigere Kostenstruktur sowie die meist größere Flexibilität bei der Abwicklung von Transporten. Dass dabei auch einige Unternehmen ihre wirtschaftlichen Leistungsfähigkeiten überschätzt haben, gehört dazu. Einige Bahnen aus der Frühzeit retteten sich unter das Dach großer Konzerne, etwa rail4chem oder die ITL. Anderen, wie etwa der Karsdorfer Eisenbahn, EBM Cargo oder Eichholz und weiteren blieb dagegen nur der Weg in die Insolvenz.

Seit 2005 drängen zudem verstärkt ausländische Bahnen und Finanzkonzerne auf den deutschen Güterverkehrsmarkt und sichern sich dort durch Beteiligungen und Übernahmen beträchtliche Marktanteile. Neben der polnischen CTL-Gruppe zählen dazu auch die französische Staatsbahn SNCF, die Schweizer SBB Cargo sowie die italienische Trenitalia.

**Die größte Last im heute europäisch ausgerichteten Schienengüterverkehr tragen moderne Elektroloks wie die BR 189 der deutsch-italienischen TX Logistik (links) oder die BR 152 der DB AG. Container zählen neben Mineralöl und Montangütern zu den häufigsten Privatbahnleistungen.**

# 3 Güterbahnhöfe

Um Waren sicher transportieren zu können, bedarf es auch einer entsprechenden Infrastruktur. In Zeiten der Pferdefuhrwerke war sie überschaubar, da alle Waren immer direkt am Herstellungsort oder einem entsprechenden Lager verladen, dann transportiert und am Zielort wieder dort entladen wurden, wo man sie benötigte.

Bei der Eisenbahn lassen sich derartige individuelle Transportketten nur bedingt umsetzen. Für einen reibungslosen und vor allem raschen Güterverkehr sind eigene, auf die Anforderungen dieses Verkehrsmittels zugeschnittene Anlagen nötig. Sie umfassen einmal sämtliche Gleise zur Bereitstellung beladener oder leerer Waggons, die Gleise zur Zugbildung und -abfertigung, Betriebsgleise sowie alle Umlade- und Lageranlagen sowie nicht zuletzt die Gebäude der Verwaltung. Zu guter Letzt kommen noch, abhängig von der Größe und dem Aufkommen des Güterbahnhofs, Lokschuppen und Lokbehandlungsanlagen sowie Werkstätten hinzu.

In den meisten Fällen genügten zur Abwicklung des Güterverkehrs seit Beginn des Bahnzeitalters entsprechende Teile des für alle Verkehrsarten angelegten Bahnhofes. Im einfachsten Fall, etwa auf Land- oder Vorstadtbahnhöfen, waren dies ein oder zwei Gleise. Ob die Güteranlagen gegenüber oder neben denen des Personenverkehrs angeordnet waren, bestimmte zuerst der beim Bahnbau vorhandene Platz, mithin die Topografie des umgebenden Geländes. Ein weiterer Einflussfaktor war die mögliche Ansiedlung von Betrieben, die gerade in Kleinstädten oft direkt an der Ladestraße entstanden. Im ländlichen Bereich fanden sie ihre Pendants regelmäßig in Lagerhäusern für landwirtschaftliche Produkte.

Bei kleineren Bahnhöfen war in den meisten Fällen die Anordnung von Güterschuppen und Empfangsgebäude auf derselben Seite oder gar im gleichen Gebäude sinnvoll, weil aufgrund der dann kurzen Wege beide Dienststellen, also Gepäckabfertigung mit Fahrkartenverkauf sowie die Güterabfertigung, in Personalunion besetzt werden konnten.

In den größeren Städten dagegen entstanden schon bald nach oft zentrumsnahen und in Form von Kopfbahnhöfen erfolgtem Bahnanschluss, eher am Stadtrand gelegene reine Güterbahnhöfe in Durchgangsform. Sie umfassten neben den

**Der Faszination eines ausgehnten Güterbahnhofs mit einer Einfahrgruppe für vorbildgerecht lange Züge erliegen viele Modellbahner, realisieren können sie aber oft nur Clubs.**

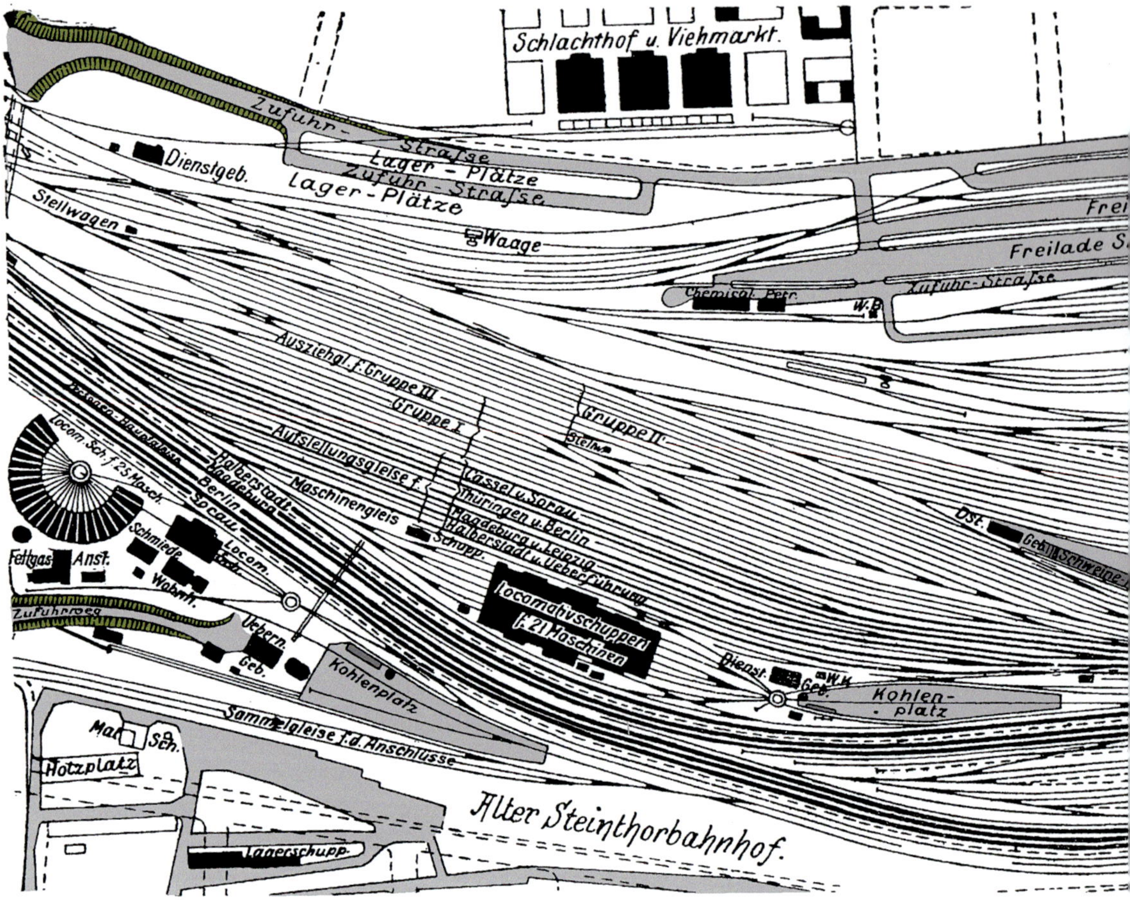


**Der Lageplan des Güterbahnhofs Halle (Saale) um 1910 zeigt anschaulich die Anordnung und Ausdehnung der einzelnen Bahnhofsbereiche und die nach Gutarten getrennten Umschlagstätten nebst den zugehörigen Lade-Aufstell- und Richtungsfahrgleisen. Links erkennbar sind die Anlagen des Betriebswerkes Halle P. Die Anlagen für den Güterzugdienst nebst weiteren Gütergleisen sind hier nicht dargestellt. Ob der Ausdehnung scheidet eine Modellnachbildung aus Platzgründen aus.**

schon recht umfangreichen Lade- und Aufstellgleisen für die einzelnen Warenkategorien entsprechend dimensionierte Gleisanlagen zum Auflösen und Neubilden von Zügen: Mit Nahgüterzügen angelieferte Wagen wurden richtungsbezogen zu Fernzügen zusammengestellt und umgekehrt. Zudem wurden von dort aus auch die umliegenden Anschluss- und Werksbahnen bedient. Bis in die Epoche II hinein plante man zudem die entsprechenden Anlagen so großzügig, dass auch Erweiterungen möglich waren.

## Gleisentwicklungen

Bei der Anlage der Güterverkehrsanlagen war und ist man zu allen Zeiten bemüht, mit möglichst wenigen Weichenverbindungen und Rangierbewegungen die vorgesehenen Ladestellen möglichst flexibel und ohne große Einschränkungen bedienen zu können. Auch galt es, den notwendigen Platzbedarf für tote Flächen, also Weichenstraßen, möglichst gering zu halten. In den Epochen I und II bediente man sich

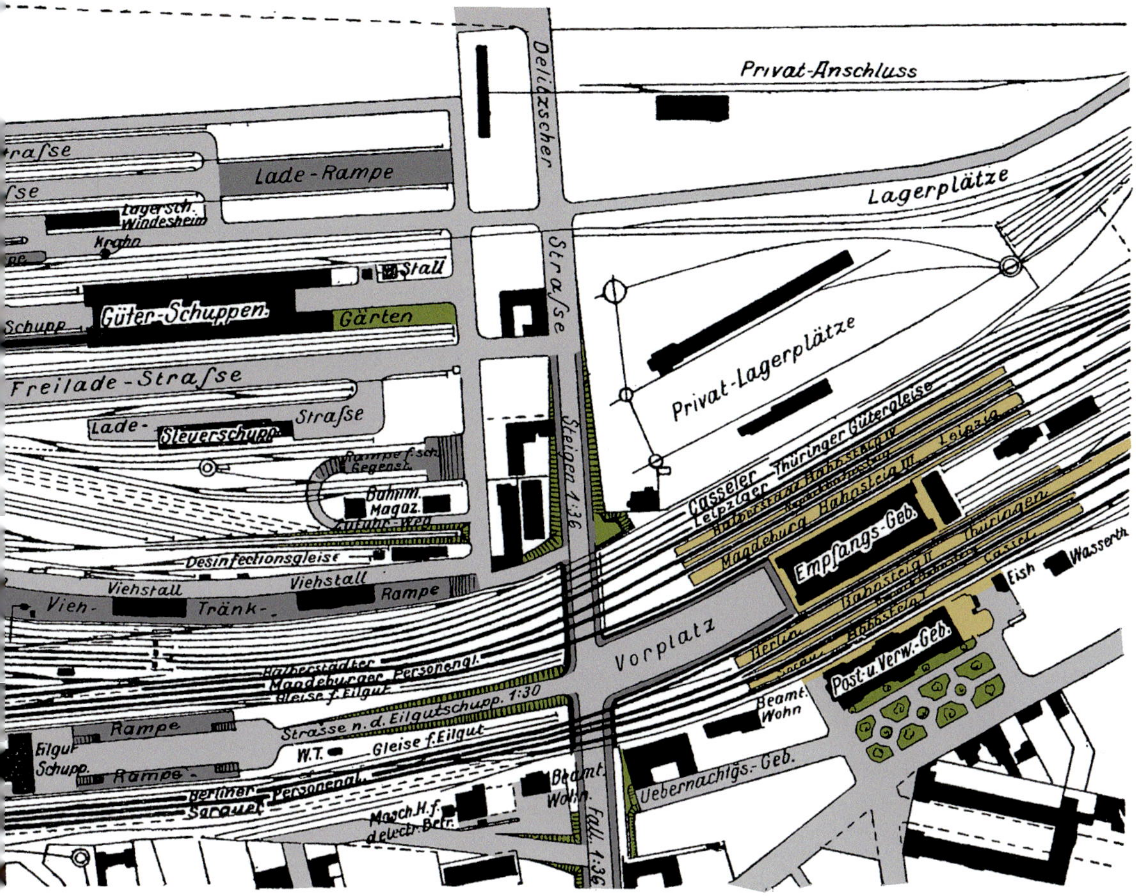


dazu recht gern Weichen-Sonderformen wie Dreiweg- oder einfacher und doppelter Kreuzungsweichen sowie Wagendrehscheiben. Deren vergleichsweise hohe Unterhaltskosten führten seit der ausgehenden Epoche III dazu, dass derartige Gleisverbindungen bereits seit den 1930er-Jahren in stärker befahrenen Hauptgleisen, seit den 1960er-Jahren aber auch in Nebengleisen durch einfache Weichen ersetzt wurden.

Da Letztere vor allem in Lade- und Aufstellgleisen eher langsam befahren werden, kamen dort auch (altbrauchbare) Bauformen mit vergleichsweise steilen Abzweigwinkeln zum Einsatz. Waren deren Weichenzungen endgültig verschlissen, wurden sie oft einfach abgetrennt und durch passende und mit Gleislaschen befestigte Neuteile ersetzt. Insofern eignen sich die meisten Modellbahnweichen sehr gut zum vorbildgerechten Aufbau von Gleisanlagen in Güterbahnhöfen.

Vor allem in der Nenngröße H0 können Modellbahner nicht nur auf verschiedenste Weichenformen zurückgreifen, sondern dank Herstellern wie Tillig und anderen auch auf Gleise

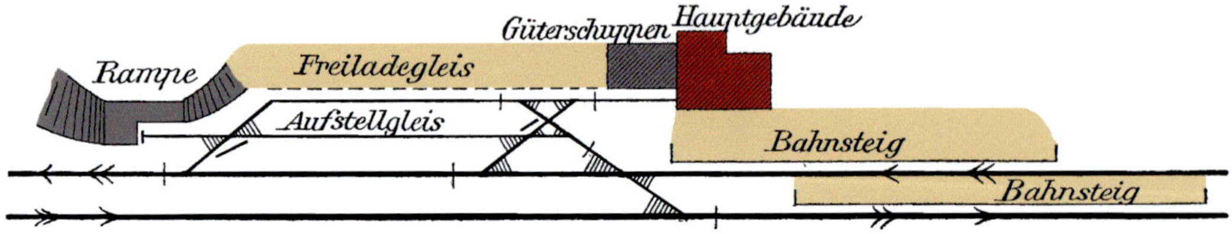


**Anordnung der aus Ladestraße, Rampe und Güterschuppen bestehenden Ortsgüteranlage auf derselben Seite wie das Empfangsgebäude. Je nach gewünschter Gleislänge ist diese Form jedoch recht längenintensiv und damit nur bedingt modellbahntauglich. Der Vorteil der mittigen Gleisverbindung mittels doppelter Kreuzungsweiche liegt im flexiblen Zugang zum Güterschuppen und variablen Kreuzungsmöglichkeiten. Etwas Länge lässt sich einsparen, wenn die Rampe ans Ende der Ladestraße verlegt wird.**

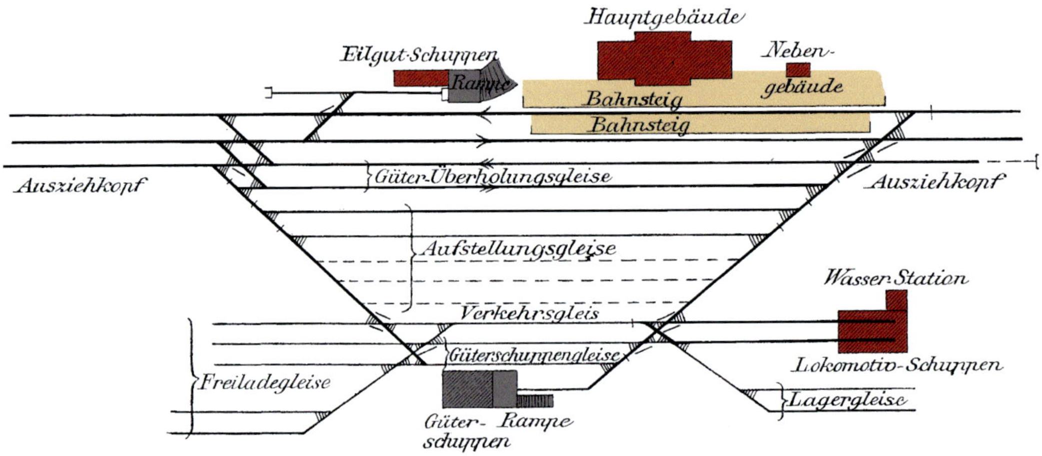


**Die Anordnung der Güterverkehrsanlagen gegenüber dem Empfangsgebäude spart einiges an Länge, zudem behindern in diesem Schema dank der parallelen Fahrmöglichkeiten am linken Ausziehkopf Rangierbewegungen keine Regelzugfahrten. Im kleinen Lokschuppen finden schließlich die Rangierloks ihren Platz.**

mit unterschiedlichen Schwellen. Auf diese Weise lassen sich die vor allem für die Epochen III und IV typischen Unterscheidungen, Hauptgleise mit Beton- oder Holzschwellen, Nebengleise mit Stahlschwellen, dank entsprechender Flexgleise recht einfach und vorbildgetreu ins Modell umsetzen. Lediglich bei den Weichen gibt es bislang keine Großserien-Alternativen zur klassischen Holzschwelle.

Wichtig bei der Anlage von Abstell- und Ladegleisen sind außerdem aufeinander abgestimmte Längen. So findet man immer wieder Modellbahnhöfe mit längeren Ladegleisen, die aber nur über kurze Ausziehgleise zugänglich sind. Ebenfalls weit verbreitet sind Weichenstraßen, die aufwändige Rangierfahrten erzwingen oder wegen fehlender Umfahrungsmöglichkeiten nur eingeschränkte Zugfahrten zulassen.

**Vorbildgerecht ist diese zweiseitige Anbindung des Güterschuppens. Dort behandelte Wagen sind rasch abholbar und Zustellungen an die Ladestraße erfordern nur kurze Pausen.**

**Mit gut laufenden Lokomotiven bereitet das Rangieren mit den entsprechenden Betriebsmöglichkeiten viel Vergnügen. Dazu bedarf es keiner großen Anlage, ein ansprechendes Betriebsdiorama genügt auch.**

## Rangiergeschäfte

Der Umfang der im Güterbahnhof anfallenden Rangierbewegungen war und ist abhängig vom Frachtaufkommen und damit auch den darauf angepassten Gleisanlagen.

Auf den meisten Bahnhöfen mit eher bescheidenen Anlagen übernahm regelmäßig die Zuglok des mit der Bedienung der Station betrauten Nahgüterzuges das Rangiergeschäft. Besondere Signale zur Absicherung der Rangierfahrten waren in der Regel nicht nötig, denn es war ja nur eine Lokomotive unterwegs. Es genügte deshalb die Absicherung gegen die freie Strecke durch die Einfahrsignale beziehungsweise den zugehörigen Personenbahnhofsteil durch Rangiersignale.

Ähnlich verhält es sich auf größeren Bahnhöfen mit zusätzlichen Anschlüssen. Dort stationierte die Deutsche Reichsbahn zur Beschleunigung des Zugverkehrs durch Trennung von Fahr- und Rangierdienst seit den 1930er-Jahren regelmäßig eine eigene, dieselgetriebene Bahnhofs-Rangierlok. Während eines kurzen Aufenthaltes des Nahgüterzuges übernahm sie die für ihren Bahnhof bestimmten Waggons und setzte mitzugebende auf. Die Feinverteilung an die einzelnen Ladestellen und mögliche Anschließer erfolgte, nachdem der Nahgüterzug den (Güter-) Bahnhof wieder verlassen hatte und somit parallele Zugfahrten ausgeschlossen waren.

## Rangiersignale

**Zu den wichtigsten Signalen im Güterbahnhof zählen seit der einheitlichen Signalordnung der Epoche II W-Tafeln und Gleissperrsignale. Erstere stehen jedoch stets in Sichtweite eines Stellwerkes, da die zugehörigen Fahraufträge durch den Stellwerker stets mit entsprechenden Winksignalen erteilt wurden.**

**Die Nachrüstung mit Signalleuchten erlaubte später dieselbe Signalisierung wie mit Licht-Sperrsignalen. Diese stehen überall dort, wo kein direkter Sichtkontakt mit dem Stellwerk möglich ist, wie im gezeigten Beispiel am Gleis rechts oben.**

**In den Epochen II und III sollte man statt der Lichtsiganle die seinerzeit üblicheren Formsignale verwenden.**

**Alle Signaltypen sind in den gängigen Größen bei Viessmann, Lichtsignale zum Teil auch bei Erbert erhältlich.**

Etwas anders lag und liegt die Situation in größeren (Knoten-) Bahnhöfen. Da dort regelmäßig mehrere Strecken- und Rangierloks parallel verkehren, ist eine Absicherung der jeweiligen Fahrten innerhalb des Bahnhofes mit Rangiersignalen unerlässlich. Zumindest alle Aufstell- sowie Ein- und Ausfahrgleise besitzen deshalb neben den Hauptsignalen für Zugfahrten auch Rangiersignale.

## Signale im Güterbahnhof

Die einfachste Form der Rangiersignale sind die so genannten W-Tafeln. In der Grundform bestehen sie aus einem orangen, schwarz umrandeten W. Jede Weiterfahrt über das Signal hinaus bedarf der Zustimmung des Stellwerkers, der sich dafür entsprechender Winkzeichen bedient. Deshalb sind W-Tafeln nur in Sichtweite von Stellwerken zu finden, was auch bei der Aufstellung im Modell beachtet werden muss.

**Noch 2011 besitzt der Güterbahnhof Köln-Eifeltor zur Regelung der Abstell- und Rangierfahrten Form-Gleissperrsignale. Dank entsprechender Miniaturen aus dem Viessmann-Sortiment lässt sich dies auch im Modell nachbilden. Bemerkenswert ist zudem das Vorhandensein beleuchtbarer Weichenlaternen. Fürs Modell gibt es Attrappen von Auhagen (H0) oder Lorenz (TT).**

Sofern jedoch zwei Loks nebeneinander stehen, kommt das Verfahren an Grenzen. Aus diesem Grund stattete man die meisten W-Tafeln mit zwei zusätzlichen, gegeneinander schräg angeordneten weißen Laternen zur Anzeige des Lichtsignalbegriffes >>Rangierfahrt erlaubt<< aus.

Dort, wo ein Blickkontakt zwischen Lokführer und Stellwerker nicht möglich war und ist, stehen schließlich Gleissperrsignale. Sie können als Form oder Lichtsignal in jeweils hoher und niedriger Bauform aufgestellt sein. Allgemeine Richtlinien gibt es nicht, stattdessen zählen gute Sichtbarkeit und die Wahrung der Profilfreiheit am Gleis.

Die Rangiersignale stehen in den Neben- und Aufstellgleisen des (Güter-) Bahnhofs allein, an den Haupt- und Kreuzungsgleisen dagegen unmittelbar vor dem zugehörigen Hauptsignal. Zur Freigabe einer Rangierfahrt wird nur das Rangiersignal bedient, das Hauptsignal zeigt weiterhin >>Halt<<. Bei Zugfahrten dagegen müssen Haupt- und Rangiersignal einen Fahrtbegriff anzeigen. Beim Einsatz von Licht-

signalen sind im Ausfahrsignal Normal- und Rangiersignal vereint, oft sogar einschließlich des Vorsignals des folgenden Streckenabschnittes. Bei Halt zeigendem Ausfahrsignal sind die Rangier- und Vorsignale jedoch abgeschaltet. Die Freigabe einer Rangierfahrt erfolgt durch zwei weiße Lichter.

Wie bei Hauptsignalen gilt auch bei Rangiersignalen, dass die Ausstattung auf Nebenbahnen und in kleinen Bahnhöfen sparsamer als bei Hauptstrecken und größeren Bahnhöfen ist.

Muss bei Rangierfahrten innerhalb eines Bahnhofs auch das Hauptgleis genutzt werden, erfolgt mit der Rangierhalttafel, einer weißen, halbkreisförmigen Scheibe mit schwarzem Rand, die Abgrenzung gegen das Einfahrsignal.

**Gut zu erkennen sind die unterhalb der Signalschirme installierten Licht-Sperrsignale im Güterbahnhof Schwandorf. Neben den gleichfalls noch vorhandenen Weichensignalen lohnt sich auch die Nachbildung der gut sichtbaren Grenzzeichen im Modell. Sie finden sich einbaufertig im Erbert-Sortiment.**

## ■ Stellwerke

Die Ausstattung von Güterbahnhöfen mit Stellwerken erfolgt nach denselben Regeln wie bei Bahnhöfen allgemein: Kleinere Stadt- und Landbahnhöfe besaßen bis in die frühe Epoche III in der Regel keine separaten Stellwerksbauten, die

**Beinahe vorbildgerecht sind alle Gleise dieses Güterbahnhofskopfes mit W-Tafeln ausgestattet, nur am Stumpfgleis direkt vor dem Stellwerk wäre ein Gleissperrsignal besser geeignet, weil ein zum Signal blickender Lokführer keinen direkten Sichtkontakt zum Stellwerk haben kann. Alternativ müsste das Stellwerk etwas weiter rechts stehen.**

Bedienung der Ein- und Ausfahrweichen sowie der jeweiligen Signale übernahm entweder das Stellwerk im entsprechenden Vorbau des Empfangsgbäudes des Bahnhofs, oder alle Weichen waren ortsbediente Handweichen. Die Weichen in den Ein- und Ausfahrten besaßen Schlüssel, die sich nur in einer bestimmten Lage entfernen ließen, um damit die Ein- und eventuell Ausfahrsignale zu bedienen.

Bei den etwas größeren und ausgedehnten Güterbahnhöfen mit eigenen Zugbildungs- sowie Ein- und Ausfahrgleisen übernahmen Wärterstellwerke an den Ein- und Ausfahrten sowie entsprechenden Weichenbereichen beispielsweise der Ortsgüteranlage die Bedienung der zugehörigen Weichen. Für Ein- und Ausfahrten nötige Fahrstraßen und Signalstellungen legten die einzelnen Wärter schließlich nach Absprache mit dem Fahrdienstleiter fest.

Bei der Aufstellung von Stellwerken sollte auf eine angemessene Größe geachtet werden. Stehen etwa die beliebten Brückenstellwerke nur über zwei oder drei Gleisen kleinerer Bahnhöfe, wirken sie schnell unglaubwürdig. Auch sollte man Stellwerke im Güterbahnhof mit ihrer Fensterseite so platzieren, dass dem Miniaturstellwerker genügend Blickfreiheit auf die Gleise bleibt. Als Wärterstellwerke bieten sich die üblichen Schrankenposten sowie alle kleineren Stellwerksbauten an

## Lokschuppen

Die baulichen Anlagen eines Güterbahnhofes umfassten mit Ausnahme kleiner Bahnhöfe mit bescheidenem Frachtaufkommen sehr häufig auch Lokschuppen und zugehörige Behandlungsanlagen. Deren Dimension war selbstverständlich dem jeweiligen Aufkommen angepasst.

Auf mittleren Stationen handelte es sich regelmäßig nur um einen Kleinlokschuppen mit Zapfsäule nebst kleinem Tank, oft in der Nähe der Laderampe errichtet. Für die Bahnhofslok, je nach Epoche und Bahnverwaltung eine des Typs Köf oder V15/22, genügt dies jedoch vollkommen.

Etwas größere Knotenbahnhöfe dagegen besitzen oft einen zwei- oder dreiständigen Rechteckschuppen für die eingesetzten Rangierloks. Oft ist dort ein Schuppenstand für kleinere Wagenreparaturen reserviert. Je nach Epoche bestehen die zugehörigen Lokbehandlungsanlagen aus einer kleineren Bekohlungsanlage nebst Besandung und kleinem Schlackegleis oder aber einer Tankstelle. Mobile Kohlekräne und Hochbunker sind in diesen Fällen unangemessen und wenig glaubhaft. Sie gehören nur zu den am Rande ganz großer Knotenbahnhöfe zu findenden Bahnbetriebswerke. Dort finden auch die Rangierloks, unabhängig von der verherrschenden Traktionsart, ihren Platz.

**Rechteckschuppen wie etwa Fallers Duderstadt sind für die meisten Güterbahnhöfe ausreichend, sofern die zugehörigen Behandlungsanlagen nicht vergessen werden. Der hier von einem Triebwagen belegte Stand könnte auch als Wartungs- und Schnellreparaturbereich für schadhafte Güterwagen ausgelegt werden.**

**Besonders deutlich erkennbar ist hier die Ausrundung des Ablaufberges Köln-Eifeltor, hier von der Ablaufseite her gesehen. Das Sperrsignal direkt am Scheitelpunkt regelt die Rückfahrt der Rangierloks zur dahinter liegenden Einfahrgruppe.**

## Ablaufberge

Ein elementarer Bestandteil mittlerer und großer Güterbahnhöfe mit umfassenden Zugbildungsaufgaben sind Ablaufberge, im Volksmund auch Eselsrücken genannt. Abhängig von den vorhandenen Gegebenheiten handelt es sich entweder um einen natürlichen oder künstlichen langgezogenen Hügel mit einem oder zwei Gleisen, die sich an dessen Fuß symmetrisch in eine Vielzahl von so genannten Aufstell- oder Richtungsgleisen aufteilen.

Der Vorteil dieser Anlagen liegt in der Einsparung von Rangierfahrten, da die Waggons eines Zuges in den meisten Fällen nicht mit der Lok mit einer Vielzahl von Fahrmanövern ins jeweilige Richtungsgleis rangiert werden müssen, sondern durch ihr eigenes Gewicht von selbst dorthin rollen. Ein zu zerlegender Zug wird also nur einmal von der Rangierlok auf den Ablaufberg gezogen, dort vom Rangierer entsprechend der Zielbahnhöfe in Einzelwagen oder Wagengruppen getrennt und danach bis zum Abrollpunkt zurückgeschoben.

Bei der Umsetzung ins Modell dürfen aufgrund des Rollverhaltens der Modellfahrzeuge sowie der naturgemäß beschränkten Platzverhältnisse vorhandene Vorbildmaße nicht 1:1 übertragen werden. Vielmehr ist es angezeigt, zunächst

mit einem provisorischen Aufbau die für einen reibungslosen Spielbetrieb nötigen Parameter wie Höhen, Gleislängen, Weichenzahl et cetara auszutesten und festzulegen.

Ganz wichtig ist jedoch eine möglichst optimale vertikale Ausrundung der Gleise, um möglichen Entgleisungen vorzubeugen. Ferner sollte man ähnlich wie beim Vorbild darauf achten, dass sämtliche ins Auge gefassten Rangierlokmodelle auch sicher über den Berg kommen.

**Eher unscheinbar ist der Schwandorfer Ablaufberg. Gut erkennbar sind die doppelte Kreuzungsweiche als Anschluss der Richtungsgleise (vorn) und sein Umfahrgleis (rechts) für berguntaugliche Waggons.**

**Speziell auf den Achsentausch ausgelegt ist dieser verfahrbare Bockkran mit umlaufender separater Katze zum Absetzen der Radsätze auf dem Nachbargleis.**

## ■ Wagenwerkstätten

Am Rande jedes größeren Güterbahnofs fand oder findet sich entweder eine seiner Größe und dem resultierenden Wagenaufkommen angemessene Werkstätte oder zumindest ein separates und auch mit Straßenfahrzeugen erreich- oder sogar damit direkt befahrbares Reparaturgleis.

Notwendig wurden solche Einrichtungen, um vor allem beim Be- und Entladen oder Rangieren leicht beschädigte Waggons aller Art rasch instandsetzen und umgehend nutzbringend weiter verwenden zu können. Rücksendungen zum Eigentümer wären in den meisten Fällen im Vergleich zum Nutzungsausfall zu teuer und zeitaufwändig.

Zudem bedürfen auch Güterwagen einer regelmäßigen Unterhaltung und Wartung, wozu unter anderem der Austausch der Bremssohlen sowie fallweise auch Radsätze oder Puffer und Kuppelketten gehören. Da das Erreichen der dafür vorgegebenen Grenzwerte in der Regel nicht planbar ist und entsprechende Mängel erst bei der Zustellung eines Wagens zum

Ein mit Hubböcken ausgerüsteter überdachter Schnellreparaturstand der Neuzeit. Mit Produkten aus dem Zubehörsortiment lässt er sich vergleichsweise einfach ins Modell umsetzen. Dabei sollte man aber unbedingt die Dimensionen der Werkstattanlagen mit denen des erbauten Güterbahnhofes in Einklang bringen.

Entladen oder der wagentechnischen Untersuchung nach Zusammenstellung eines Zuges auffallen, sollten und sollen die betroffenen und teils beladenen Fahrzeuge möglichst umgehend und in der nächsten Werkstatt repariert werden, was übrigens oft mit minimalem Aufwand möglich ist.

Wie aus den gezeigten Beispielen ersichtlich, sind die Ausstattungen im Laufe der Zeit recht unterschiedlich entwickelt worden. Dominierten in den Epochen II und III (verfahrbare) Bockkräne, setzt man heute nicht zuletzt angesichts der zunehmenden Zahl von Drehgestellwagen fast ausschließlich Hubbockanlagen ein. Diese stehen entweder in Hallen oder mindestens überdachten Freiständen.

Am Rande eines Zechenbahnhofes wird ein beschädigtes Bodenblech eines Ea-Wagens getauscht. Auch dies ist mit Effektfiguren bereits im Modell umsetzbar.

**Diese Aufnahme des Halleschen Güterbahnhofs von 1931 zeigt deutlich, dass Gleiszwischenräume bis zur Schwellenoberkante mit Kies oder Sand verfüllt sind. Im Vordergrund sind zudem Sprechsäulen und epochegerecht etliche Rangierer zu erkennen. Zudem waren seinerzeit nur die Hauptdurchfahrgleise elektrifiziert.**

## Ausstattung

Weitere wichtige Ausstattungselemente von Güterbahnhöfen sind neben den Signalen, Stellwerken und baulichen Anlagen der Ortsgüteranlage Kleinigkeiten wie Aufenthaltsbuden für Hemmschuhleger und Rangierer, Sprechsäulen zur Kommunikation zwischen Rangierern und Stellwerk, Hemmschuhalter entlang der Aufstell- und Zugbildungsgleise sowie Bohlen-Überwege zum sicheren Passieren der Gleise.

Einige dieser Details können inzwischen dank entsprechender (Kleinserien-) Produkte von Herstellern wie Faller, Weinert oder modellbahn kreativ und Erbert sehr filigran und vor allem als Fertigmodell bezogen und sofort in der eigenen Anlage verbaut werden, einiges Anderes muss im Selbstbau entstehen, so individuelle Buden wie im Beispiel rechts oben.

Bei der Auswahl der benötigten Komponenten sowie deren Platzierung auf der Anlage helfen vor allem zeitgenössische Fotografien oder Aufsätze zur Technikgeschichte und entsprechende Regelwerke und Signalordnungen.

## Gleisfeld-Ausstattungen

- Weichensignale: Auhagen, Lorentz (Attrappen); Märklin (für C- und K-Gleis); Kluba (Polen), Weinert (filigrane Funktionsmodelle mit Stellhebel)
- Grenzzeichen: Erbert (Kunststoff-Fertigmodelle)
- Sprechsäulen: Erbert (Bundesbahn, DB AG)
- Kabelkanäle: Auhagen, Erbert (Kunststoff, unterschiedliche Breiten)
- Seilzüge, Rollenhalter und Spannwerke: Auhagen, Vollmer (Kunststoffteile); Weinert (Messing-Schleuderguss und Weißmetall)
- Hemmschuhhalter: modellbahn kreativ, Weinert; Faller (Kunststoff)

**Aus Gründen der Profilfreiheit konnte an dieser Stelle im Güterbahnhof keine Bude für Hemmschuhleger aufgestellt werden. Sie mussten stattdessen mit einer Kellerlösung auskommen. Zum Nachbau benötigt man Treppe, Schornstein, eine Tür und Kunststoffreste.**

**Neben den Abstellgleisen für Bau- und Hilfszüge errichtete die DR in den 1920er-Jahren derartige Waschtröge im Freien. Im Modell bereichert der ungewöhnliche Blickfang die Anlage sicher nachhaltig.**

# 4 GÜTERSCHUPPEN

Zur Bündelung von Sendungen im so genannten Stückgutverkehr errichtete man auf fast allen Bahnhöfen freistehende oder an das jeweilige Empfangsgebäude angebaute Güterschuppen. Dort konnten einzelne Sendungen angenommen und bis zur Abholung oder dem Versand gelagert werden. Die Bahnen konnten auf diese Weise ihre Wagenkapazitäten deutlich besser auslasten und die Kunden profitierten von besseren Frachtsätzen, denn sie mussten nicht die Kosten für einen ganzen Waggon tragen.

Dieses System besitzt jedoch den entscheidenden Nachteil, dass die Sendungen auf dem Transportweg immer wieder sortiert werden müssen, was deren Transportgeschwindigkeit teilweise erheblich reduziert. Zu einem größeren Problem wurde dies allerdings erst ab den späten 1920er-Jahren mit dem flächendeckenden Aufkommen des Automobils und der LKW, mit denen der Transport kleinerer Sendungen über den unmittelbaren Nahbereich hinaus möglich und wirtschaftlich attraktiv wurde. Bereits zu jener Zeit setzte auch die Reichsbahn auf eine Kombination von Straße und Schiene, indem sie in Regionen mit geringem Frachtaufkommen LKW-Sammelverkehre etablierte und erste Güterschuppen für den eigentlichen Zweck aufgab.

Nach dem Zweiten Weltkrieg begann im Zuge des Wirtschaftswachstums im Stückgutverkehr ein großer Konzentrations- und Verlagerungsprozess. In den Grundzügen existiert die klassische Transportform zwar noch heute, allerdings verlagerten sich viele Frachten in den Bereich der straßenorientierten Kurierdienste und damit des Containerverkehrs. Die Funktion der Güterschuppen für bahnrelevante Sendungen übernahmen die jeweiligen Terminals.

## Bauliche Rahmenbedingungen

Die Größe der Güterschuppen variierte ebenso wie ihr Baustil sehr stark. Vom kleinen Zweckanbau am Empfangsgebäude mit gut 30 Quadratmetern Lagerfläche bis hin zur architektonisch anspruchsvollen Halle mit innen liegenden und vollständig überdachten Ladegleisen und weit mehr als 1.000 Quadratmetern Lagerfläche und eigenem Verwaltungstrakt reicht die Spanne beim Vorbild. Entsprechend verschieden

**Wohl kaum ein Modell-Bahnhof kommt ohne einen Güterschuppen aus, sei der auch noch so klein oder nur ein recht bescheidener Anbau wie an diesem Spur-0-Gebäude.**

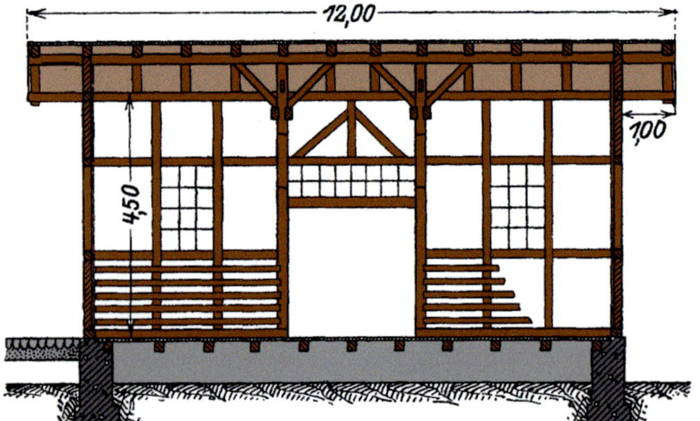
12,00
1,00
4,50

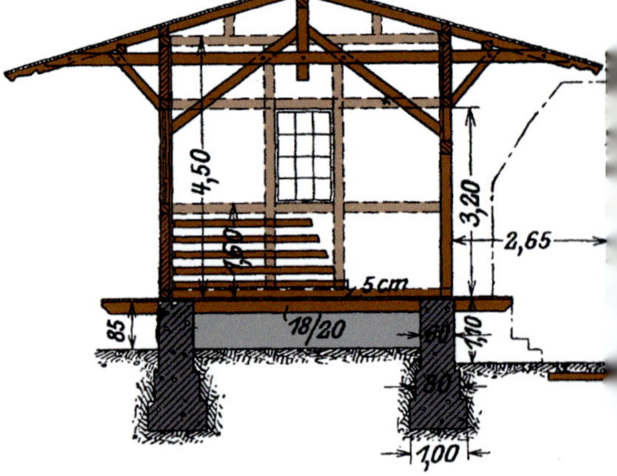
4,50
3,20
2,65
1,50
5 cm
18/20
85
60
1,10
80
1,00

**Zumindest aus modellbahnerischer Sicht gigantische Ausmaße besitzt der Güterschuppen des Bahnhofs Forst (Lausitz). Die Ausdehnung der Anlagen war dort jedoch dem Umstand geschuldet, dass er eine wichtige Rolle in Versorgung und Versand der seinerzeit zahlreichen dort ansässigen (Textil-) Betriebe innehatte. Auf der Basis von Auhagens Schuppen Krakow wäre zumindet eine teilweise Umsetzung in H0, TT oder N leicht möglich. Lediglich die Dachanpassung wäre etwas aufwändiger.**

**Schon eher anlagentauglich sind Güterschuppen wie dieser in Erfurt-Bischleben, wobei dafür im Maßstab 1:87 trotzdem rund 14 cm Länge einzuplanen sind. Er besaß zudem noch eine kleine seitliche Rampe. Nachbildenswert sind bei einer vorgesehenen Inneneinrichtung auch die Schutzleisten im unteren Wandbereich aus Funier- oder Kunststoffstreifen.**

**Für Abwechslung sorgen seit wenigen Jahren dank Lasertechnik nach konkreten Vorbildern maßstäblich und teils aus Echtholz entstandene Bausätze, wie Buschs Schönheide. Anspruchsvolle Modellbauer sollten beim Bau jedoch nicht nur auf korrekte Rampenhöhen achten, sondern die nur bedingt vorbildgetreue Fachwerkfüllung beispielsweise durch eine aus Gips ersetzen.**

war auch die Gleisanbindung der zugehörigen Laderampen. Üblich waren bei normalem Aufkommen ein oder zwei Parallele Gleise. Schuppen mit hohem Aufkommen und zusätzlichem Umladeverkehr besaßen dagegen deutlich mehr Gleise. Zur Wahrung der Flexibilität beim Zustellen und Abholen der Wagen waren diese zudem kamm- oder fischgrätenförmig angeordnet, was zusätzliche und kostenintensive Weichenverbindungen erforderte.

An den Güterschuppen selbst schloss sich in vielen Fällen noch eine fallweise überdachte und umzäunte Rampe für gefährliche Güter an, wie Gas- und Lackflaschen oder gasende beziehungsweise übel riechende Chemikalien. Gab es einen entsprechend hohen Ein- oder Ausgang zu verzollender Waren, existierte für diese ein separater Schuppen (-bereich). Daneben besaßen alle größeren Güterschuppen noch eigene Büroräume für Lademeister und sonstige Mitarbeiter zur Erledigung der nötigen Formalien wie der Erstellung der Frachtpapiere, Wagenlisten etc. und fälligen Abrechnung von Frachtsätzen und Wagenstandgeldern.

Mit Beginn der Epoche IV begann im Westen Deutschlands jedoch der rasche Niedergang des klassischen Stückgutverkehrs auf der Schiene und viele Güterschuppen wurden geschlossen, abgerissen oder an Gewerbetreibende vermietet.

## Architektur der Güterschuppen

Lange Zeit waren in fast allen Teilen Deutschlands Fachwerkschuppen mit Lehm- oder Ziegelausmauerung Standard, weil sie entsprechend einfach zu errichten und hinreichend stabil waren. In waldreichen Regionen, etwa in Bayern oder dem

**Geschosshöhen von 3,80 m beziehungsweise 3,30 m lassen das kombinierte Empfangsgebäude von Schwerstädt bei Erfurt recht großzügig ausfallen. Der Anbau links beherbergte unter anderem den Warteraum. In den kühlen und auf eine Erweiterung ausgelegten Kellergewölben unterhalb des Güterschuppens in Fachwerkbauweise lagerten Petroleumvorräte für Weichen- und Signallaternen.**

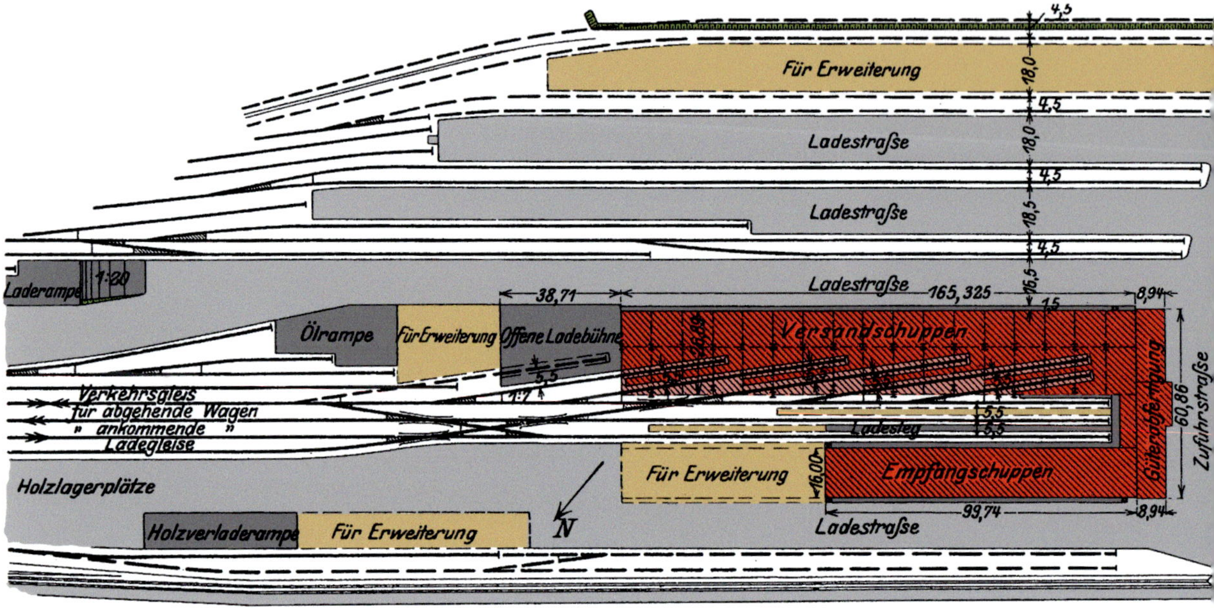


**Recht stattlich und überwiegend auf den Warenausgang war der Güterschuppen der Stadt Zeitz ausgelegt. Die fischgrätenartig angeordneten Rampen erlaubten einen schnellen und das übrige Verladegeschäft nicht beeinträchtigenden Wagenaustausch.**

**Eine einfachere Alternative sind Güterschuppen in Querlage mit kammförmigen Verladerampen.**

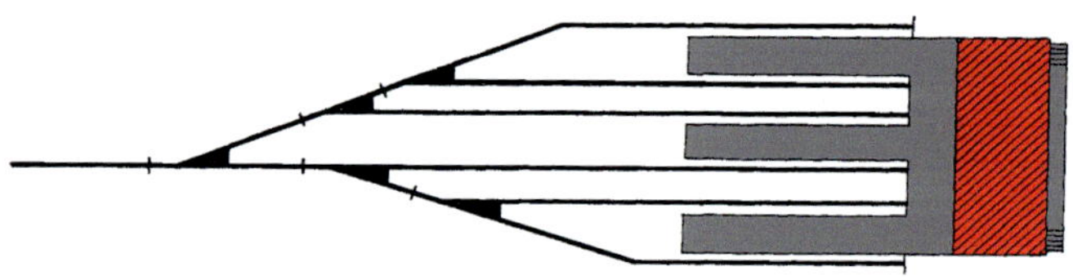

**Auch offene Verladerampen vor einem größeren Güterschuppen konnten fischgrätenartig aufgebaut sein. Zu finden war diese Anordnung der Ladegleise bevorzugt an Ladestellen hoher Umschlagfrequenz, etwa Expressgut- oder Postabfertigungen, weil zum Abholen und Zustellen nur wenige Wagen bewegt werden mussten.**

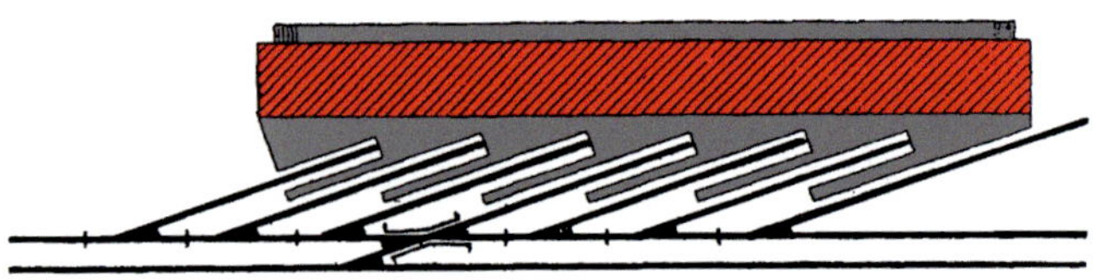

Erzgebirge, gab es auch reine Holzschuppen, sofern nicht Brandschutzgründe steinerne Gebäude vorschrieben. Erst Anfang des 20. Jahrhunderts entstanden massiv gemauerte Güterhallen, teils mit einem deutlichen Einfluss regionaler Architekturmerkmale wie Bruch- oder Sandsteinmauerwerk.

Für die Nachbildung im Modell stehen nicht zuletzt dank aktueller Produktionstechniken wie Lasercut fast alle beim Vorbild anzutreffenden Typen auf dem Modellbahnmarkt zur Verfügung. Die größte Auswahl haben naturgemäß H0-Bah-

ner, aber auch in N oder TT ist das Angebot (zunehmend) vielfältiger. Leider besitzen etliche schon länger am Markt befindliche Bausätze den Mangel, unbhängig vom Maßstab recht klein auszufallen. Dies betrifft sowohl die Breite als auch die Tiefe. Sie eignen sich deshalb für die Nachbildung größerer Güterbahnhöfe nur bedingt, was allerdings angesichts des bei den meisten Modellbahnern vorhandenen Platzes kein Mangel sein muss. Abhilfe schafft in solche Fällen eine Platzierung im Hintergrund sowie eine entsprechende Kaschierung der Tiefenausdehnung durch geschickt neben dem Schuppen angeordnete Ladegüter, umgebende Vegetation (Bäume, Büsche) oder ähnliches sowie nicht zuletzt eine geeignete Hintergrundkulisse.

Wer jedoch einen echten Großstadt-Güterschuppen sein eigen nennen will, kommt um den Selbstbau der Güterhalle nicht umhin. Vor allem neuere Güterschuppenmodelle von Auhagen oder Faller lassen sich auch von weniger geübten

**Der Güterschuppen des seit 1995 nicht mehr in Betrieb stehenden Bahnhofs von Beiern-Langenleuba beweist eindrucksvoll, dass auch an Landstationen durchaus imposante Bauten stehen können. Bei genauerer Betrachtung fällt auch die zur Abtrennung vorgesehene und über das Dach reichende Brandmauer auf. Ein Hinweis auf die sich anschließende Ladestraße sind neben dem Förderband das Lademaß und die Gleiswaage.**

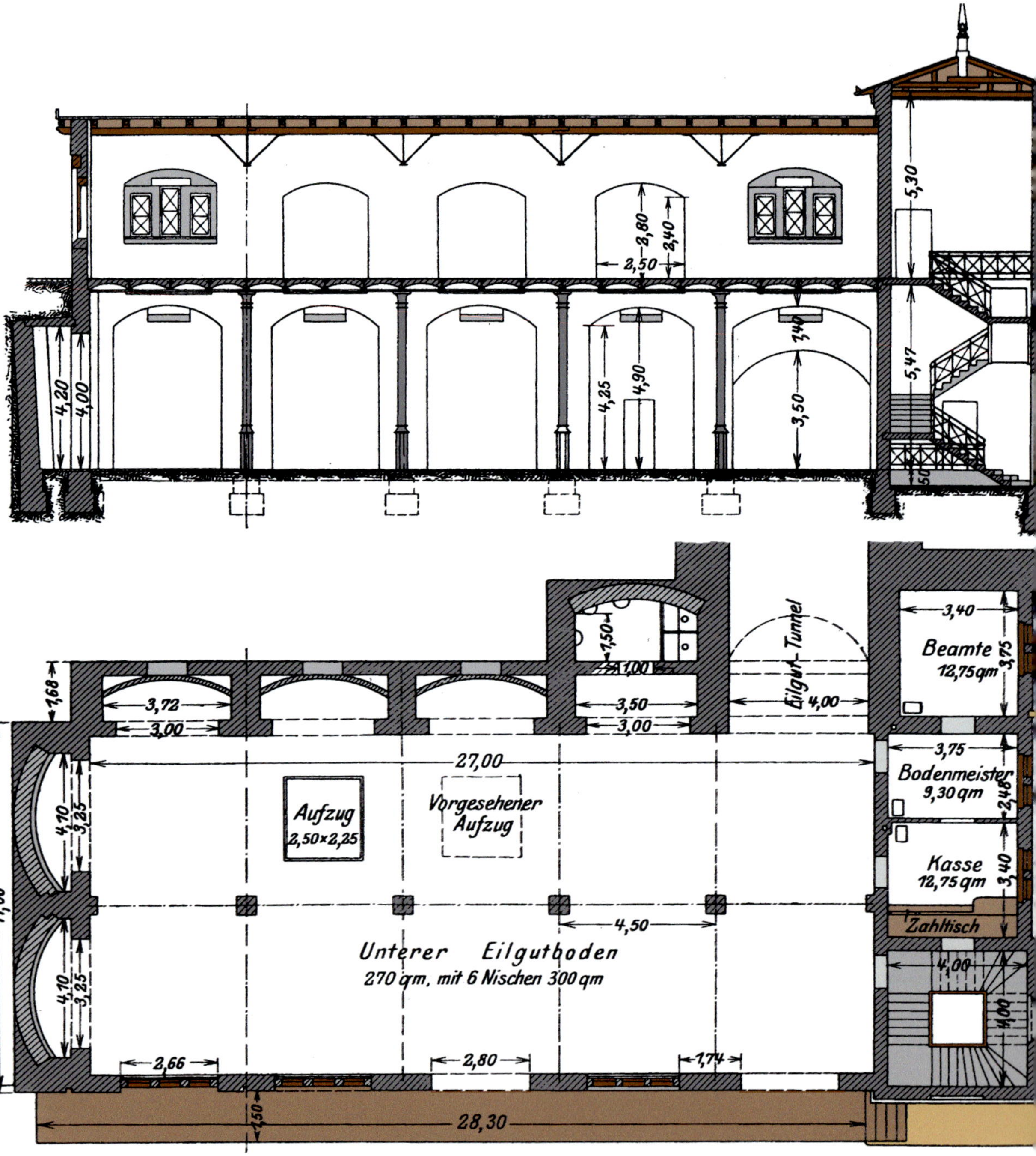


**Vor allem an städtischen Hochbahnen oder bei Bahnhöfen in Hanglage finden sich häufig zweistöckige Güter- oder Expressgutschuppen. Das gezeigte Beispiel von Erfurt Hbf kann noch heute vom Vorplatz aus bestaunt werden und soll zur Nachbildung anregen.**

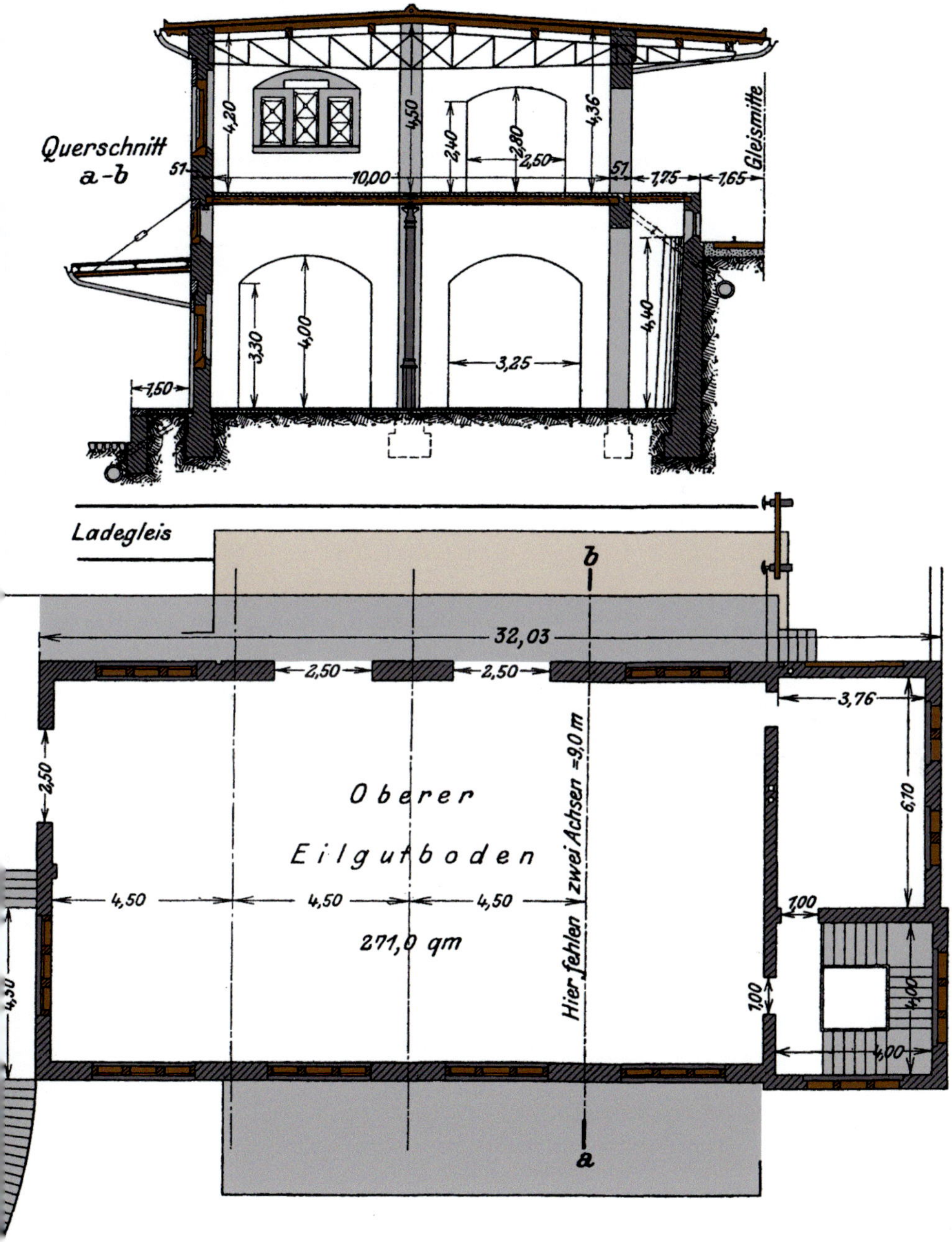
Querschnitt
a-b
Gleismitte
4,20
4,50
4,36
2,40
2,80
2,50
51
10,00
51
1,75
1,65
3,30
4,00
3,25
4,40
1,50
Ladegleis
b
32,03
2,50
2,50
3,76
2,50
6,70
Oberer
Eilgutboden
4,50
4,50
4,50
271,0 qm
Hier fehlen zwei Achsen = 9,0 m
1,00
1,00
4,00
4,00
a

**In Aschersleben war der Güterschuppen gegenüber des Empfangsgebäudes und in Richtung Ausfahrt verschoben errichtet worden. In der Verlängerung nach rechts schließen sich die Freiladegleise an.**

Modellbauern leicht verlängern und somit, eventuell auch durch die Anlage zusätzlicher Rampengleise (siehe Seite 56), den eigenen Vorstellungen anpassen

## Anordnung der Schuppen

Direkt am Empfangsgebäude angebaute Güterschuppen finden sich vor allen auf kleineren Bahnhöfen sowohl an Haupt- als auch Nebenbahnen. Sie boten den Vorteil, dass das diensthabende Personal rasch zwischen beiden Bereichen wechseln konnte, was Zusammenlegungen von Arbeitsposten aus wirtschaftlichen Gründen wesentlich erleichterte, da die Pendelzeiten dort mininal ausfallen.

In Großstädten dagegen diente der Schuppenanbau oft ausschließlich der Abfertigung von Expressgut und Gepäck. Die Lage direkt am Hausbahnsteig erleichterte in diesen Fällen den Zugang zu Gepäckwagen oder Leig-Einheiten. Ob man größere Güterschuppen auf der selben oder aber gegenüberliegenden Bahnhofsseite des Empfangsgebäudes er-

richtete, orientierte sich an den örtlichen Gegebenheiten. Neben vorhandenen Betrieben oder beim Bahnbau vorgesehenen Flächen für selbige spielten auch geografische Aspekte eine wichtige Rolle. Immerhin benötigt ein Güterschuppen nicht nur seine eigene Grundfläche, sondern zusätzlich ausreichend Raum für Verladerampen und den gesamten straßenseitigen Ladungs- und Lieferverkehr.

Die Anlage des Güterschuppens auf der selben Seite wie das Empfangsgebäude findet sich oft auf kleinen Bahnhöfen, wo sich schließlich auch die Ladestraße direkt anschließt und das Frachtaufkommen des Bahnhofes insgesamt vergleichsweise gering ist. In einem städtischen Umfeld bietet sich diese Anlageform dann an, wenn ein recht großer Teil der im Güterschuppen umzuschlagenden Waren stadteinwärts, also der Lagerichtung des Empfangsgebäudes, transportiert werden muss und sich damit ein zumindest in der Frühzeit der Eisenbahn mit beschrankten Bahnübergängen zeitaufwändiges Queren des Bahnhofes vermeiden ließ.

**Vor allem in Städten war es nicht ungewöhnlich, dass Ladestraße und Güterschuppen nicht auf der selben Bahnhofsseite lagen. Bei diesem Beispiel kann der Grund in einem höheren Expressgutaufkommen liegen**

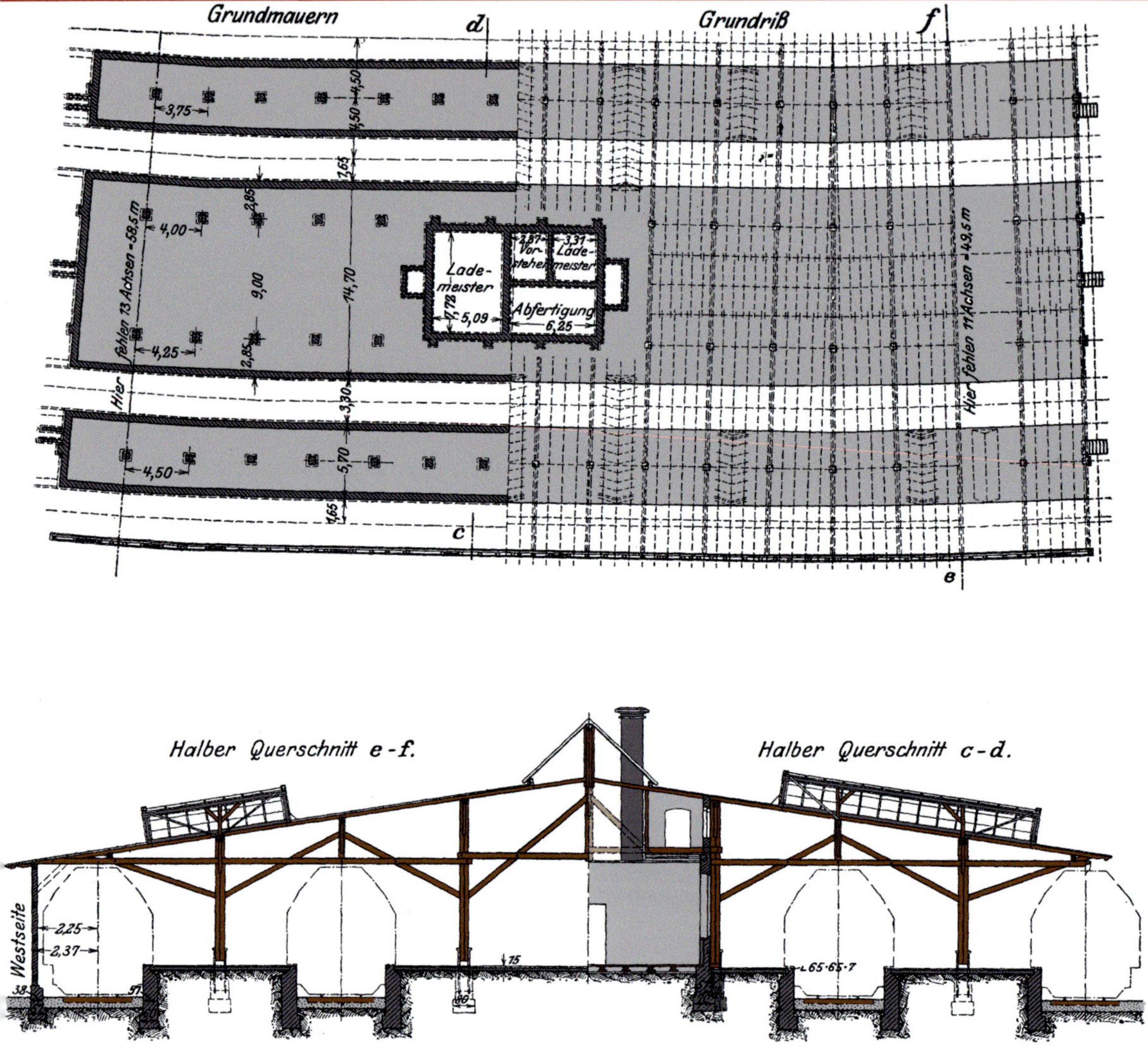


**Grundriss und Schnitt durch die Stückgut-Umladehalle des Güterbahnhofs Leipzig-Wahren. Heute übernimmt ein Containerterminal diese Aufgaben.**

Für die Anlage auf der gegenüberliegenden Seite sprachen vor allem ein hohes Frachtaufkommen mit zugehörigen und dann ausgedehnteren Anlagen und entsprechende Industrieansiedlungen auf der ortsabgewandten Bahnhofsseite. Möglich waren jedoch auch Mischformen, etwa Güterschuppen am oder neben dem Empfangsgebäude und Ladegleise nebst Rampen auf der anderen Seite.

## ■ Umladehallen

Separater Bestandteil großstädtischer Güterbahnhöfe sind die im Stückgutverkehr der Epochen I bis III/IV nötigen Umladehallen. Abhängig von der Bedeutung des Bahnknotens und damit des Frachtaufkommens ist deren Ausstattung mit Gleisen stark verschieden.

Der Übergang zwischen den Güterbahnsteigen erfolgte über Stahlbrücken. Während der Rangierarbeiten wurden diese mit Stahlseilen einfach hochgeklappt.

Im einfachsten Fall genügt ein größerer, beidseitig mit Ladegleisen für den Ein- und Ausgang ausgestatteter Güterschuppen. Dessen Kapazität konnte durch die Anlage von schmalen Rampen zwischen den Gleisen und zugehörigen Übergangsblechen zur Schuppenhauptrampe erweitert werden. Oft nutzte man als Verbindung anstatt der Bleche auch einfach leere oder sowieso zur Be- oder Entladung vorgesehene Güterwagen. Die Nachbildung derartiger Situationen im Modell ist mit hinreichend großen und somit glaubwürdigen Schuppenversionen sowie mauerwerks- und Kunststoffstreifen vergleichsweise rasch zu bewerkstelligen.

Etwas aufwändiger waren die Umschlagsanlagen in Großstädten. Dort waren die vier bis acht Umladegleise in den weit gespannten Hallen in der Regel innenliegend angeordnet, wie

**Typisch für viele Anschlussbahnhöfe von Schmalspurbahnen waren überdachte Umladerampen mit je einem Schmal- und Regelspurgleis.**

im gezeigten Beispiel Leipzig-Wahren. Einem breiteren Publikum von den großen Jubiläumsausstellungen 1935 und 1999 her bekannt dürfte auch die Nürnberger Umladehalle sein.

Der Nachbau solcher Anlagen erfordert neben reichlich Platz für Gleise und Weichenstraßen nebst Umfeld auch einige Fähigkeiten im Modellbau. Der muss nämlich hier weitgehend ohne handelsübliche Elemente auskommen, denn entsprechende Bausätze finden sich nicht am Markt. Statt dessen gilt es, aus Bahnsteigelementen, Messing- oder Kunststoffprofilen und passenden Platten das gewünschte Projekt zu realisieren.

## ■ Schnittstelle Schmalspur

Wegen der unterschiedlichen Spurweiten befanden sich Umladehallen oder offene Umladerampen bis in die frühe Epoche III hinein regelmäßig auch an den Anschlussbahnhöfen von Schmalspurbahnen. Sie besaßen jeweils ein Schmal- und Regelspurgleis mit dazwischenliegender Rampe. Dabei lag das

Schmalspurgleis leicht erhöht, damit die Wagenböden beider Seiten das selbe Ladeniveau aufwiesen. Ein Straßenanschluss war zumeist nicht vorhanden, denn die Hallen dienten allein der zeitaufwändigen Umladung der auf der Schmalspur angelieferten Sendungen in regelspurige Wagen beziehungsweise umgekehrt.
Eine andere Lösung war die ebenerdige Verlegung des Schmalpurgleises an die Straßenseite des regulären Güterschuppens und die Umladung über diesen.

Viele derartiger Umladeeinrichtungen wurden jedoch mit der Einführung des erheblich wirtschaftlicheren Rollbock- oder Rollwagenverkehrs obsolet, da Sendungen fortan direkt in regelspurige Waggons verladen werden konnten.

**Überdachte Rampenanbauten für riechende oder anderweitig gefährliche sowie sperrige Güter gehörten ebenfalls zu vielen Güterschuppen dazu. Hier dient ein derartiger Bau auf einer Epoche IV/V-Anlage als geschütztes Lager für neue Europaletten.**

## Umfeldgestaltung

Zu vielen Güterschuppen gehören auch ausgedehntere Rampenanlagen mit eigenen, ortsfesten Dreh- oder Bockkränen. Diese erlaubten beispielsweise den Umschlag schwerer Kisten oder landwirtschaftlicher Geräte wie Pflüge etc.

Kleinere Güterschuppenanbauten am Empfangsgebäude mit Hausbahnsteig besaßen bei fehlendem separaten Ladegleis dagegen regelmäßig ausrollbare Rampen, um die wenigen anfallenden Stückgüter dem am Hausbahnsteig wartenden Zug mitzugeben oder von dort aufzunehmen.

## Ausgestaltungstipps

Viel zu enge oder wie im Beispiel oben ganz und gar fehlende Zufahrtsstraßen und Ladeflächen rund um einen Güterschuppen finden sich noch immer auf zahlreichen Modellbahnanlagen. Wäre das am Anlagenrand noch vertretbar, sollte ein derartiger Fehler in der Anlagenmitte und somit im direkten Blickfeld des Betrachters jedoch nicht vorkommen.

Eine modellbahngerechter Kompromiss zur maßstäblichen Umsetzung ist die Orientierung an den eigenen, zur Umfeldgestaltung gewählten Straßenfahrzeugen. Wie unten und nebenstehend ersichtlich, bemisst sich die Tiefe der Fläche vor dem Schuppen so, dass selbst bei einem senkrecht zur Gleisachse stehenden LKW oder Fuhrwerk noch ein weiteres Fahrzeug vorbeifahren könnte.

Wichtig bei der Umfeldgestaltung von Güterschuppen sind auch lebendig arrangierte Ladeszenen mit entsprechenden Einblicken ins Innere. Leider sind dazu bei einigen Modellen recht intensive Bastelarbeiten wie das Einziehen von Böden oder das Öffnen von Türen nötig. Angesichts des umfassenden Zubehörs, welches Faller, Noch und vor allem Preiser zu ihren Figuren ausliefern, ist das jedoch ein lohnenswertes Unterfangen.
Besondere Akzente lassen sich noch durch die Ausstattung der Schuppen mit funktionierender Innen- und Außenbeleuchtung von Busch oder Viessmann setzen.

# 5 Ladestrassen

Öffentliche Ladestraßen waren über Jahrzehnte wohl der wichtigste Teil der so genannten Ortsgüteranlagen, die außerdem den Güterschuppen sowie die Rampen umfassen. An den meisten (Güter-) Bahnhöfen stellt die Ladestraße für zahllose Unternehmen ohne eigenen Gleisanschluss die wichtigste Schnittstelle zum Eisenbahnnetz und damit deren Warenempfängern beziehungsweise Lieferanten dar. Im Gegensatz zum Güterschuppen wurden an den Ladestraßen und den zugehörigen Rampen immer ganze Wagenladungen umgeschlagen.

Doch nicht nur aus wirtschaftichen Gründen existierten Ladestraßen - sie dienten vielerorts auch militärischen Interessen und wurden eigens für die Verladung von Truppen und Ausrüstung vorgehalten. Selbst nach dem Zweiten Weltkrieg unterhielt zumindest die Reichsbahn in der DDR entlang der innerdeutschen Grenze etliche Anlagen und zugehörige Streckenabschnitte einzig zu diesem Zweck. Erfreulicherweise mussten sich die Anlagen jedoch nur in Manövern bewähren, wodurch sich recht abwechslungsreiche Gestaltungsmotive quer durch alle Epochen ergeben.

Ladestraßen eignen sich prinzipiell für den Umschlag aller Gutarten, egal ob es sich dabei um Stückgüter wie Maschinen und Kaufmannsgüter oder Schüttgüter wie Kohle, Baustoffe und Düngemittel sowie Flüssigkeiten handelt. In größeren Güterbahnhöfen existierten daher meist mehrere Ladestraßen nebeneinander, etwa eine für Kohle und Düngemittel, eine weitere für Vieh und eine für die klassischen Stückgüter (siehe etwa Seite 36/37).Wo dies aus räumlichen Gründen nicht möglich oder das Frachtaufkommen geringer war, unterteilte man die Ladestraße entlang der Gleise in mehr oder weniger feste Bereiche.

Die Ladestraßen besaßen als Abgrenzung zum Gleis hin stets eine befestigte oder bei Klein- und Schmalspurbahnen zumindest eine entsprechend markierte Kante. Deren Ausführung war jedoch nicht einheitlich und sie konnte gerade im ländlichen Raum schlicht aus regelmäßig angeordneten Prellsteinen bestehen. Eine Pflasterbefestigung oder spätere Asphaltierung nahm man nur bei einer entsprechend intensiven Nutzung vor. Auch die Ausstattung der Ladestraßen mit

**Sie hielten sich als Hauptnutzer vieler ländlicher Ladestraßen bis ans Ende der Epoche IV: Kohlehändler, die ihre Ware zuletzt regelmäßig per Förderband auf LKW verluden.**

**Dass bei der Breite der Ladestraßen im Falle von Längsbeladung durchaus Spielräume vorhanden sind, beweist diese Szene. Gut erkennbar sind die begrenzenden Steinblöcke.**

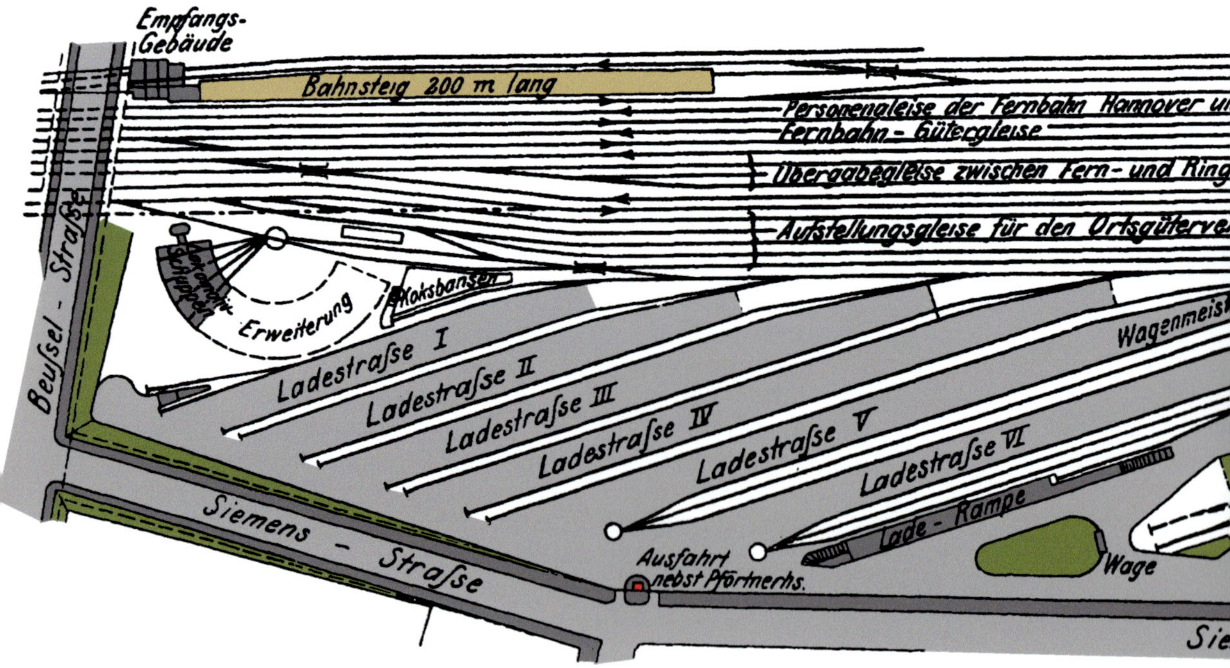

Beleuchtungsanlagen war optional und erfolgte in der Regel flächendeckend erst ab Epoche III. Anzahl und Art der Laternen richtete sich wiederum nach dem Frachtaufkommen.

Wichtig ist bei der Nachbildung von Ladestraßen die vorbildorientierte Breite. Sie sollte im Modell mindestens 12, bei größeren Bahnhöfen gar 16 Metern entsprechen, denn es musste möglich sein, einen LKW auch rückwärts senkrecht zur Gleisachse stehend zu entladen, ohne den übrigen Ladeverkehr zu behindern. In H0 entspricht dies immerhin fast 14 Zentimetern, ein Maß, dass wohl nur selten eingehalten werden kann. Ausnahmen gab es in solchen Fällen, in denen Ladestraßen zwischen Gleisen angeordnet waren. Dann ist allerdings die Ladestraße entweder zweiseitig an das Straßennetz anzubinden oder aber an einem Ende eine glaubwürdige Wendemöglichkeit vorzusehen.

Ein unverzichtbarer Bestandteil der meisten Ladestraßen war eine kombinierte Kopf-/Seitenrampe, wobei diese sich auch direkt an den Güterschuppen anschließen konnte. Vor allem aus militärischen Gründen war sie in der Epoche I und II sowie selbst III noch wichtiger Bestandteil vieler Bahnhöfe.

Anderorts waren Rampen dagegen auch zur Verladung von Holz- und Baumaterial unverzichtbar. In den waldreichen Gegenden Bayerns, Thüringens oder Sachsens besaßen etliche Bahnhöfe sogar eigene und von ihren Abmessungen her recht stattliche Holzrampen. Komplettiert wurden die Anla-

**Schema der Ortsgüteranlagen des Bahnhofes Berlin-Moabit (unten links). Aufgrund des hohen Frachtaufkommens sind gleich sieben Ladestraßen vorhanden, von denen einige den Baugrundsätzen des 20. Jahrhunderts entsprechend in Drehscheiben münden. Das um 1900 noch existierende Beamtenwohnhaus wich bald einem zweiten Güterschuppen.**

**Klassische Ausführung einer mit in Beton eingegossenen Altschienen zum Gleis hin begrenzten und gepflasterten Ladestraße. Die Nachbildung solcher kleinen Details im Modell gelingt auch wenig geübten Anlagenbauern.**

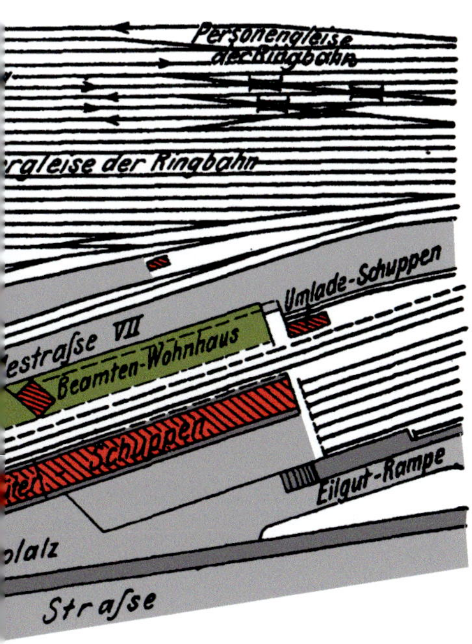


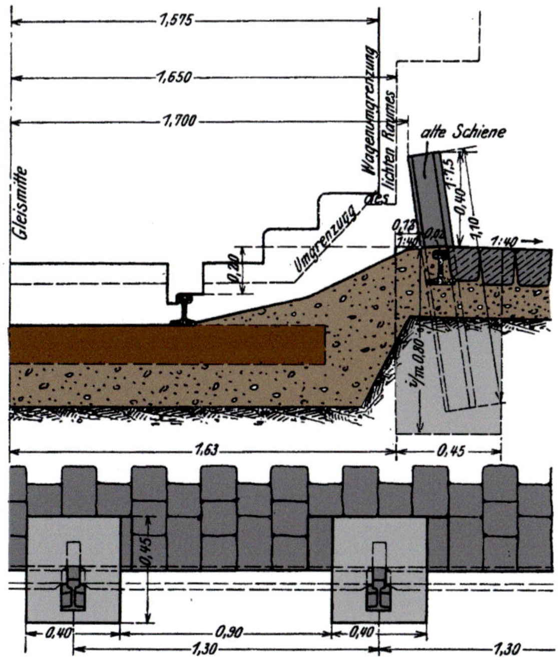

Je nach den vorhandenen Platzverhältnissen konnte das Freiladegleis auch gegenüber dem Güterschuppen angelegt sein (oben). Die Prellsteine markieren die Grenze für Straßenfahrzeuge und sichern die Profilfreiheit.

Bei Schmalspurbahnen war der Übergang von der Gleisbettung zur Ladestraße im Bahnhofsbereich fließend. Beim Rangieren war daher oft Augenmaß gefragt.

gen der Freiladegleise fallweise auch durch einen Überladekran. Letzterer konnte als Bock- oder metallener beziehungsweise hölzerner Drehkran ausgeführt sein.

Zur Kontrolle der Einhaltung des Lichtraumprofils bei der Beladung offener Güter- oder Flachwagen kombinierte man Rampen und Ladegleise mit einem entsprechenden Lademaß. Vor allem bei Maschinenteilen und Holz- oder Strohladungen waren solche Kontrollen nötig, um ein Herausragen aus dem Lichtraumprofil der jeweiligen Bahnstrecke und damit verbundene Beschädigungen an Bauwerken oder entgegenkommenden Zügen zu vermeiden.

Wurden an der örtlichen Ladestraße viele Schüttgüter wie Kies und Sand oder landwirtschaftliche Produkte wie Kartoffeln und Rüben verladen, befand sich im Ladegleis oder in dessen Nähe zusätzlich eine Gleiswaage. Alternativ kann sich auf der Ladestraße auch eine öffentliche Fahrzeugwaage für Fuhrwerke beziehungsweise LKW zur Gewichtsbestimmung der jeweiligen Ladung befinden.

**Von den glanzvollen Zeiten massiven Güterumschlags an den Verladeanlagen in Forst zeugt 2007 nur noch der verlassene Ladekran.**

**Rechts: Vor allem auf Dorfbahnhöfen waren Lademaße zur Kontrolle auf Überbreite und Ladehöhe bem Versand landwirtschaftlicher Güter unverzichtbar. Dank entsprechender Angebote müssen sie auf Modellbahnanlagen nicht fehlen.**

Bereits in den 1980er-Jahren begannen gerade in Westdeutschland zahlreiche Ladestraßen sowohl kleiner als auch mittlerer Bahnhöfe durch Verkehrsverlagerungen auf die Straße zunehmend zu verwaisen. Nicht genutzte Bereiche zierte bald ein dichter Bewuchs von Gestrüpp oder kleineren Birken. Selbst zwischen oft noch weiterhin für Anschlussbedienungen genutzten Aufstell- und Kreuzungsgleisen wurde es gerade im Sommer zunehmend grüner.

Auch in der DDR wurden etliche kleinere Ladestraßen ganz aufgegeben oder nur noch für Saisonverkehre, etwa der herbstlichen Rübenabfuhr, genutzt und verfielen ebenfalls langsam aber sicher. Einige Ladestraßen dienten der DDR-Reichsbahn jedoch auch zur längerfristigen Abstellung von Bauzügen und Arbeiterwohnwagen in der Nähe größerer Baustellen, etwa im Zuge der Streckenelektrifizierungen oder umfassenden Oberbauerneuerungen der 1970er- und 1980er-Jahre. Mit passenden Fahrzeugmodellen kann dies auch gut im Kleinen dargestellt werden.

## Ladestraßen-Ausstattungen

Fast alle Ladestraßen umfassen neben den zum Umschlag unabdingbaren Freiflächen die nachstehend aufgeführten Elemente, wobei abhängig von der Nutzung der Anlagen Abweichungen möglich sind.

■ Rampen: Sie erlauben einmal die Verladung von Straßenfahrzeugen oder landwirtschaftlichen Geräten, dienen zum anderen aber auch als Höhenausgleich und Lagerfläche beim Umladen von Straßenfahrzeuge in Waggons, etwa bei der Holzverladung. Mit dem Aufkommen von Staplern und mobilen Kränen verloren sie jedoch diese Bedeutung, was vor allem bei der Holzverladung auffällt.

■ Lademaß: Die oft unscheinbaren Metallgerüste waren vor allem an solchen Ladestraßen unentbehrlich, an denen Stroh, Holz oder auch sperrige Maschinenteile verladen wurden. Sie erlaubten durch eine entsprechende Skala eine schnelle Bestimmung von Lademaßüberschreitungen oder dienten einfach zur Kontrolle der Einhaltung der gültigen Umgrenzungsprofile.

■ (Gleis-) Waagen: Sie waren vor allem zu Zeiten beschränkter Achslasten unabdingbar. Je nach Verladeregime oder Abrechnungsmodus konnten zur Kontrolle anstelle der Gleiswaagen für das Gesamt- auch Fuhrwerkswaagen für das Ladegewicht genutzt werden.

■ Kräne: Vor allem in den Epochen I und II,aber auch noch zu Beginn der Epoche III, waren auf den meisten Ladestraßen oder Rampen mit entsprechendem (Stückgut-) Aufkommen stationäre Krane unverzichtbar. Dabei konnte es sich sowohl um Bock- als auch Drehkräne handeln. Wurde am Ort viel Langholz umgeschlagen, fand sich oft auch ein hölzerner Derrick-Kran aus Stämmen und Kettenzügen. Seit den späten 1950er-Jahren setzten sich dann verstärkt mobile Straßenkrane wie Fuchs-Bagger (BRD) oder T172/174 (DDR) durch.

**Zur einfacheren Verladung von Stamm- und Sägeholz besaßen viele Bahnhöfe beachtliche Rampen. Abmessungen von 80 x 15 m wie in Schleusingen (unten) waren nicht selten.**

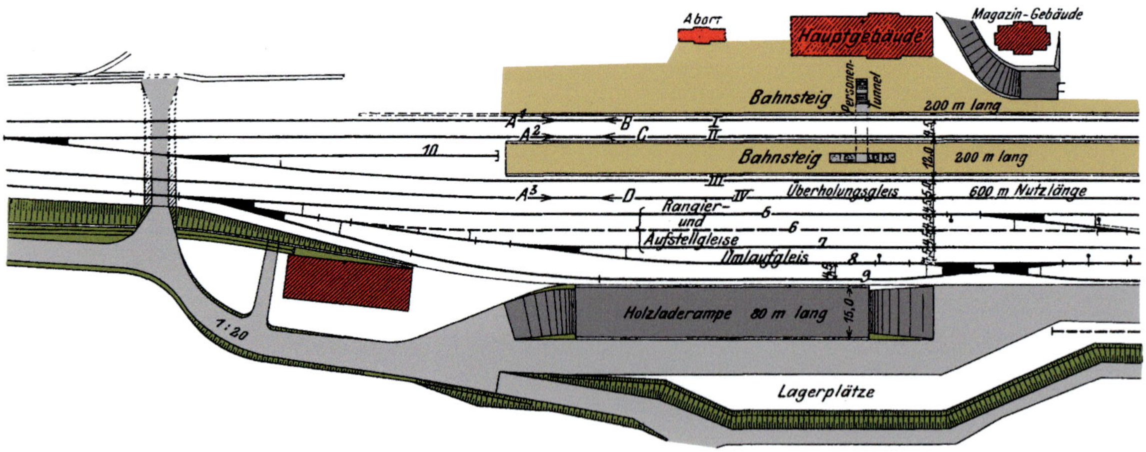

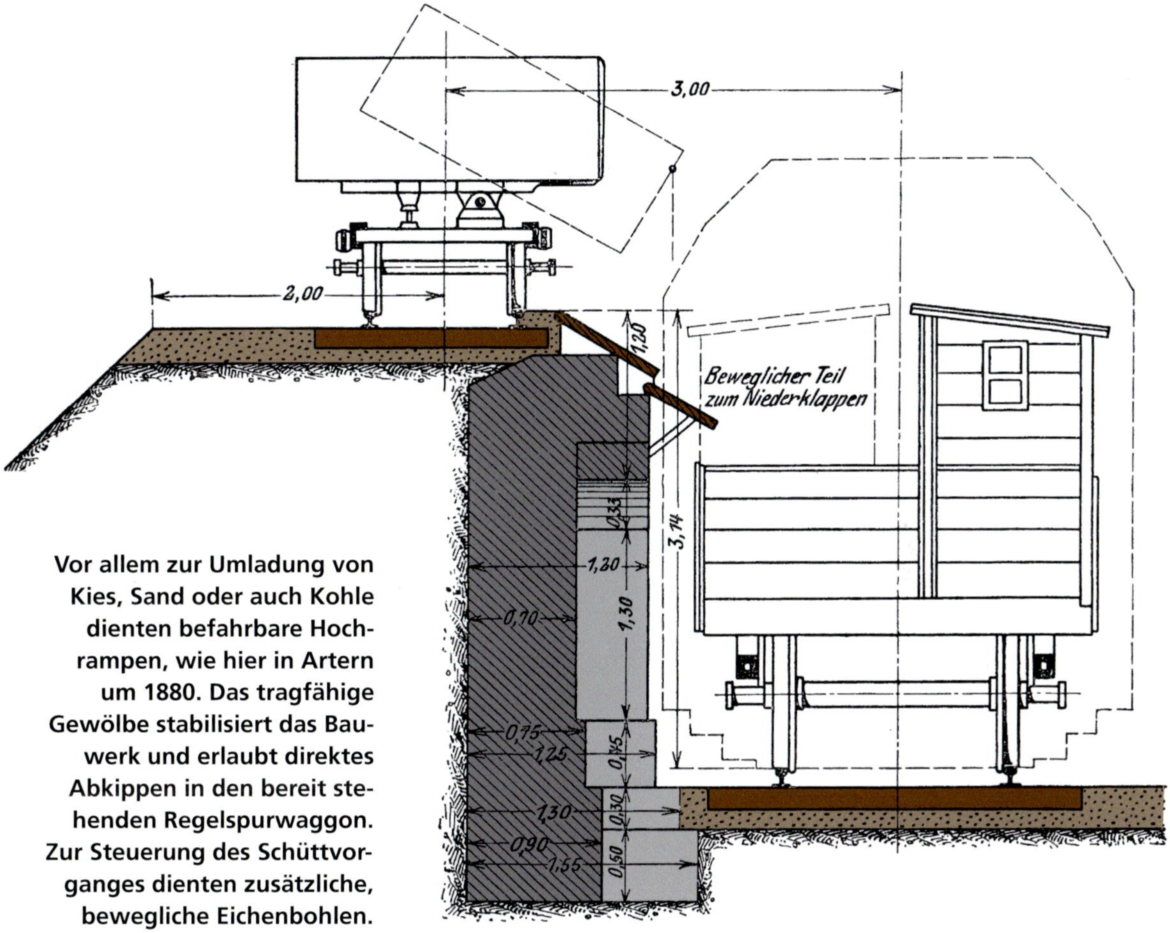


Vor allem zur Umladung von Kies, Sand oder auch Kohle dienten befahrbare Hochrampen, wie hier in Artern um 1880. Das tragfähige Gewölbe stabilisiert das Bauwerk und erlaubt direktes Abkippen in den bereit stehenden Regelspurwaggon. Zur Steuerung des Schüttvorganges dienten zusätzliche, bewegliche Eichenbohlen.

Querschnitt durch eine Kopf-Seitenrampe in Standardausführung mit zum Nachbau im Modell nötigen Maßen. Die Länge wird individuell angepasst.

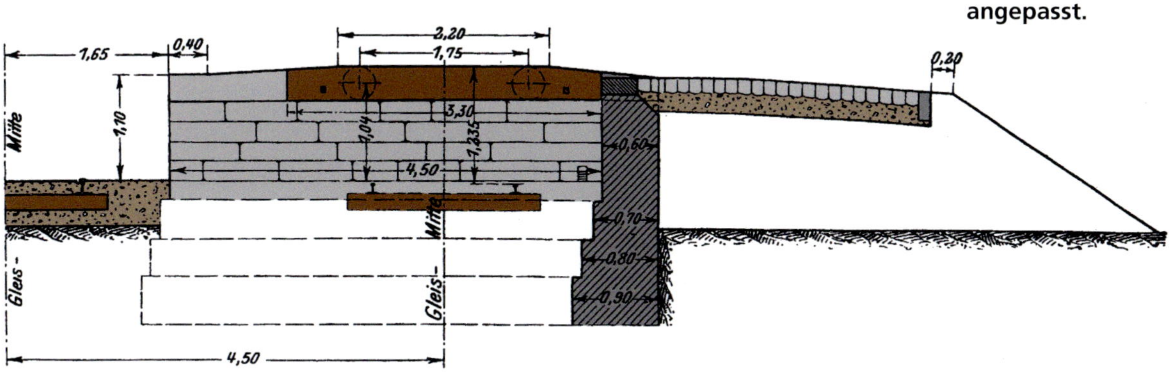

## ■ Ladestraßen im Modell

Am einfachsten und schnellsten ist die Nachbildung einer Modell-Ladestraße sicher auf einer kleineren Nebenbahn-Station zu bewerkstelligen, denn dort bestanden diese oft bis in die Epoche IV hinein nur aus verdichteten Kies- oder Steinmehlaufschüttungen. Diese wiederum lassen sich auf der eigenen Anlage sehr gut mit feinem, ausgesiebten Vogelsand nachbilden. Verklebt und damit fixiert wird er ähnlich wie Gleisschotter mit der bekannten Weißleim-Mischung. Darin lassen sich bei Bedarf im feuchten Zustand mit älteren LKW-Achsen noch einige markante Fahrspuren einarbeiten.

Ist an einer solchen Ladestraße jedoch die Aufstellung eines Überladekrans geplant, sollte zumindest dessen unmittelbare Umgebung gepflastert werden, denn ein fester Untergrund war für die Stabilität des Krans eine wichtige Voraussetzung.

Für die Darstellung befestigter Ladestraßen stehen dem Modellbauer verschiedene Wege offen. Entweder modelliert man die gesamte Ladestraße aus Gips oder benutzt die han-

delsüblichen Strukturplatten aus Kunst- oder Schaumstoff. Der Selbstbau mit Gips beziehungsweise entsprechend abgeformten Elementen ist zwar zeitaufwändiger, bietet dem Modellbauer aber eine größere Individualität. Die Pflaster- oder Betonplattenstruktur, sofern nicht durch die Form vorgegeben, wird nach dem Ausgießen der vorgesehenen Umschlagfläche mit einer Reißnadel graviert. Dabei lassen sich, eventuell unter Zuhilfenahme eines kleinen Stichels, auch reparaturbedürftige Fehlstellen einarbeiten.

Der andere Weg der Ladestraßengestaltung sind die heute im Zubehörhandel erhältlichen Pflasterplatten. Diese werden dem vorhandenen Gleisverlauf mit einem scharfen Bastelmesser oder einer Laubsäge angepasst und entsprechend flächig verklebt. Einige Ausführungen, so die Pflaster- oder Bruchsteinplatten von Auhagen, besitzen unregelmäßige Kanten, die anschließend bei sauberer Verarbeitung kaum zu sehen sind. Für den nötigen Höhenausgleich zur Schienenoberkante sorgt ein entsprechender Unterbau aus Sperrholz,

**Ländliche Ladestraßen lassen sich leicht mit feineren Sanden vergleichsweise leicht gestalten, auch weil sich eventuelle Höhenunterschiede fast unmerklich ausgleichen lassen. Natürlich lebt das Ganze auch von der Detailgestaltung.**

Der Höhenausgleich der aus Pflasterplatten von Auhagen zu bauenden Ladestraße erfolgt dank der Mauerkanten entlang der Schienen fast automatisch. Für einen festen Halt sorgen entweder Ponal Express oder Schmelzkleber.

Die Differenz zwischen dem Ende der Pflasterplatte und dem der Ladestraße wird später mit Sand verfüllt. Dank der unregelmäßigen Kanten sind Stöße in Längsrichtung bei einer guten Verklebung unsichtbar.

Wegen der Neigung der Pflasterung muss zur Aufstellung des Kranes ein passender Ausschnitt vorbereitet werden. Das Anreißen kann mit einem Bastelmesser vorgenommen werden.

Zum Trennen der Kunststoffplatten hat sich ein stufenlos regelbarer Trennschleifer als gutes Werkzeug erwiesen. Druck und Drehzahl sollten so gewählt werden, dass das Material nicht verklebt.

Der Bereich unter dem Krangerüst wird unter Zuhilfenahme eines Pinsels gleichmäßig mit feinem Sand verfüllt. Das kaschiert Kanten und Spalten zwischen der Grundplatte des Krans und der Pflasterung.

Zum Schluss wird der restliche Bereich der Ladestraße besandet. Im ersten Schritt erfolgt der Auftrag auf eine Weißleimschicht direkt auf der Grundplatte. Ist diese getrocknet, modelliert man die Deckschicht und fixiert sie mit einem Weißleim-Spülmittel-Gemsich.

**Nicht immer müssen Rampen rechtwinkling angeordnet sein. Derartige Lösungen erlauben wegen der nicht vorhandenen Gleiskrümmungen geringere Spalten zwischen Waggon und Rampe, müssen bei der Modellumsetzung allerdings im Eigenbau erstellt werden.**

Kunststoffprofilen oder Styrodurplatten. Wichtig ist zudem eine feste Verklebung der Kanten, damit die Platten sich später nicht aufwölben.

Styropor oder andere Schaumstoffmaterialien sind dagegen zum Bau von Ladestraßen nur bedingt zu empfehlen, da diese unter Umständen recht schnell altern und sich dann im wahrsten Wortsinn bei Belastung und Berührung im Rahmen der Anlagenpflege schnell verkrümeln.

## ■ Rampenanlagen

Wie bereits in den Vorbildbetrachtungen erwähnt, gibt es nur wenige Ladestraßen ohne Rampe. Letztere muss allerdings nicht immer freistehend sein, oft genügte im Original auch eine kleine direkt am Güterschuppen. Dabei konnte es sich sowohl um hölzernerne Konstruktionen wie auch um stein- oder betongefasste Anschüttungen handeln, mit deren Hilfe nicht nur (landwirtschaftliche) Gerätschaften, sondern bedarfsweise auch militärische Güter verladen werden konnten.

Zum Nachbau im Modell kann man sich entweder handelsüblicher Bausätze bedienen und diese gegebenenfalls nach eigenen Vorstellungen abwandeln, oder die Rampen selbst bauen. Letzteres bietet sich vor allem dann an, wenn sich die Verladeanlagen auf der heimischen Anlage ganz oder zumindest teilweise in einer Kurve befinden oder exotischen Vorbildern nachempfunden werden sollen, wie etwa das Beispiel auf Seite 84 (oben). Bei der Wahl der Kaschierung des

## ■ Rampen durch Kitbashing

Dem eigenen Gleisplan individuell angepasste Rampen müssen nicht zwangsläufig komplett selbst gebaut werden. Eine interessante Option für weniger erfahrene Modellbauer ist das Anpassen von Serienbausätzen, etwa der (Vieh-) Rampe von Auhagen. Durch den modularen Aufbau können die einzelnen Elemente entsprechend des vorhandenen Platzes beliebig neben- und hintereinander angeordnet werden. Dank der angespritzten Ständer der kann direkt vor Ort eine erste, näherungsweise Stellprobe erfolgen. Fällt diese zur vollen Zufriedenheit aus, werden die Einzelelemente, gegebenenfalls nach Abtrennen der angedeuteten Kantensteine mittels Kreissäge, fest miteinander verklebt.

Möglicherweise auftretende Spalten verschließt man im nächsten Arbeitsgang mit Spachtelmasse, in die fehlende Strukturen nach dem Aushärten eingeritzt werden können. Nach der Montage der umlaufenden Mauerwerksnachbildungen kann die Eigenbaurampe platziert werden.

## ■ Bewegender Spielspaß

Für Abwechslung im Betrieb auf der Ladestraße sorgen heute in erster Linie funktionsfähige Kranmodelle. Diese können entweder einbaufertig erworben oder durch Nachrüstung herkömmlicher Modelle mit motorischen Antrieben selbst geschaffen werden.

Wer den ersten Weg bevorzugt, wird bei Märklin, Roco und Uhlenbrock sowie Viessmann fündig. Die Kranmodelle der ersten beiden Hersteller sind jedoch für Ladestraßen eher weniger geeignet, denn die Vorbilder finden sich in Häfen, auf Zechen oder in großen Dampflok-Bahnbetriebswerken. Passender ist der Bockkran von Uhlenbrock, der auf einem Kibri-Kran basiert und digital angesteuert wird. Das Modell wird einbaufertig geliefert (siehe oben) und besitzt als funktionsfähiges Zubehör einen Elektromagneten.

Um eigene Bagger- und Kranmodelle anzutreiben, eignen sich je nach gewünschtem Bewegungsablauf Servos (Pendelbewegungen) oder Minimotoren. Neben Uhlenbrock wird man dafür auch im Sortiment von Elektronikversendern wie Conrad fündig.

Zur Ansteuerung eines Baggers genügt es, den unter der Anlage zu montierenden Servo über einen stabilen, abgewinkelten Stelldraht mit dem Modell zu verbinden (siehe unten). Der Kranarm wird mit wenig Kleber in einer Arbeitsposition fixiert, ebenso der Kran am vorgesehenen Standort.

Zum temporären Einsatz an Ladestraßen eignen sich dagegen Funktionskräne wie die von Märklin oder Trix (siehe oben) in Bauzugpackungen angebotenen.

Ebenfalls für Bewegung sorgen funktionsfähige Spillanlagen, die beim Vorbild mancherorts während der Be- oder Entladung Rangierloks entbehrlich machten. Im gezeigten Beispiel (unten) sorgt ein Motor mit Seilscheibe (Uhlenbrock oder Conrad) in einer Blechbude für den Vortrieb eines oder mehrerer an einem Seil hängender Waggons. Als Leitpoller für das Seil dienen eingeklebte Altpuffer oder passende Drehteile.

**Die Oberflächengestaltung von Eigenbaurampen mit bedruckten und gestückelten Kartonagen entspricht heute nicht mehr ganz dem Stand der Technik. Besser wäre in diesem Fall eine dünne Schicht Gipsmasse zur Nachbildung einer Betonfläche oder als Basis für eine einzugravierende Pflasterung.**

Unterbaus sollte man heute jedoch auf bedruckte Kartonagen als Pflaster- oder Mauerimitat verzichten, da diese nicht mehr den heutigen Modellbaustandards entsprechen und zudem nach einer bestimmten Zeit auch bei sorgfältiger Verklebung immer zum Aufwölben an den Kanten neigen. Besser geeignet sind Kunststoffplatten oder gegossene Gips- beziehungsweise Kunstharzelemente (Resin).

## ■ Funktionsmodelle

Zur Erhöhung des Spielwertes lassen sich heute Ladestraßen leicht mit funktionsfähigen Kranmodellen und vielem Mehr ausstatten. Eine gute Alternative für kleine und mittlere Anlagen ist der Bockkran von Uhlenbrock. Die Funktionsmodelle der Kräne von Märklin oder Roco dagegen eignen sich eher für größere Anlagen (siehe Seiten 84/85).

Zur individuellen Ausstattung von Kranmodellen empfehlen sich dem bastelfreudigen Modellbahner entsprechende Minimotore und Servos etwa von Uhlenbrock oder Conrad-Elektronik. Ihre heute recht kompakte Bauform und vor allem Langlebigkeit machen sie zu einem geeigneten Antriebsmittel. Dank der heutigen Digitaltechnik ist auch die Steuerung der Bausteine über die üblichen Zentralen sowohl mit direkter Handsteuerung als auch vollautomatisch möglich.

## Neue Wege

Zu öffnende Türen an Güterwagen zur Nachstellung von Ladeszenen gibt es bereits seit langem. Ein neuer Trend ergibt sich jedoch aus den aktuellen Möglichkeiten in der Kombination mit digitaler Antriebs- und Beleuchtungstechnik.

Diese ermöglichen Modellbahnern völlig neue Szenarien in der Betriebsabwicklung, etwa beim Spiel mit leichten Nahgüterzügen (Leig), wie sie von Fleischmann in den Nenngrößen H0 und N angeboten werden.

Beim Vorbild dienten diese Kombinationen aus Pack- und Güterwagen beziehungsweise entsprechend umgebauten Güterwagenpaaren der Beschleunigung des Stückgutverkehrs durch die Einführung von Linienverkehren. Dazu wurden die Leig-Einheiten auch nicht aufwändig in den Bahnhöfen rangiert, sondern die Sendungen möglichst am Bahnsteig oder mit mobilen Rampen umgeladen.

Bei der Ankunft der Fleischmann-Leig-Modelle an der Laderampe lassen sich ihre Türen automatisch und sogar selektiv über die Digitalzentrale oder einen entsprechenden Handregler öffnen und am Ende des simulierten Umladevorgangs wieder schließen. In der Dämmerung kann zudem wahlweise das dimmbare Licht in den einzelnen Waggons wie beim Original während des Umladevorganges zugeschalten werden. Für den Modellbahner bedeutet das Spielspaß pur, der allerdings seinen Preis hat.

**Für eine Abwechslung sorgen derartige Hochrampen nicht nur an Steinbrüchen. Auch an normalen Ladestraßen erleichterten sie die Verladung von Baustoffen, Schrott oder Zuckerrüben.**

## Ausgestaltung

Werden Modellladestraßen nicht mit den typischen Accessoires wie Verladeeinrichtungen, Personen sowie entsprechenden Stück- und Schüttgütern ausgestattet, wirken sie sehr schnell kahl und bei den Betrachtern macht sich Tristesse breit. Deshalb ist die Belebung der Ladestraßen mit Figuren, Werkzeugen, Gerätschaften zum Warenumschlag und eventuell kleineren Fahrzeugen mehr als sinnvoll.

Zu den festen Anliegern von Ladestraßen zählten über jahrzehnte Kohlehändler. Lagerten diese in den Epochen I und II den teuren Brennstoff noch überwiegend in halboffenen Schuppen, überwog nach dem Zweiten Weltkrieg der direkte Umschlag von offenen Wagen direkt in die Liefer-LKW. War dies anfangs noch harte Handarbeit, setzte sich seit den späten 1960er-Jahren zunehmend die Kombination aus zweiachsigen Selbstentladewagen des Typs Fc und Förderband durch, weil damit kürzere Umladezeiten erreicht wurden. Zudem benötigte man dadurch weniger Personal.

An einer eigenen Rampe werden 1934 in Halle (Saale) wichtige Eilgüter aus einer samt Zuglok wartenden Leig-Einheit ausgeladen.

Bei der Gestaltung von Rampen und Ladestraßen auf der eigenen Anlage können heute dank einer Vielzahl von Figuren allerhand Ladeszenen sogar epochegerecht dargestellt werden. Geöffnete Wagentüren wirken zusätzlich belebend.

Für einen realistischen Gesamteindruck sollten Ladestraßen, egal ob aus Kunststoff oder Gips hergestellt, patiniert werden. Ob dazu trockene Pigmentfarben oder lösemittelbasierte Acrylfarben benutzt werden, bleibt dem Modellbauer überlassen.

Auf nahezu allen Ladestraßen fanden sich bis in die Epoche IV hinein Kohlehändler. Passende Lagerbansen lassen sich leicht aus Weißmetall-Elementen (hier von pmt) aufbauen.

Neben dem Lagerplatz genügen Kleinigkeiten wie ein Förderband und etwas echte Kohle, um einen vorbildgerechten Eindruck zu vermitteln.

**Noch in der Epoche II war die Kohleverladung Schwerstarbeit, zumal, wenn der Brennstoff vor der Auslieferung zuerst mühsam in Säcke geschaufelt werden musste.**

**Im Laufe der Jahrzehnte wandelten sich die Anlagen der Kohlehändler. Ende der 1990er-Jahre war das Lager, hier Herrnhut, überdacht und wurde direkt aus den Fc-Wagen über Förderbänder beschickt.**

**In diesem Beispiel dienen die zu verladenden Holzstapel der geschickten Tarnung des Übergangs zum passend zur Anlage gemalten Hintergrund.**

Um einen typischen Kohleplatz nachzugestalten, benötigt man neben verschieden körniger echter Kohle und einem kleinen Bansen für die Zwischenlagerung nur noch ein Förderband nebst kleinem LKW.

Nicht vergessen werden sollten Gleis- oder Straßenwaagen, ein Lademaß oder die bis in Epoche III auf Dorfbahnhöfen üblichen Viehrampen. Zeitgenössische Ladehilfen wie Förderbänder, fahrbare Viehrampen oder Bagger finden sich inzwischen auch in den Sortimenten fast aller Zubehörhersteller in unterschiedlichen Detaillierungen und Preisklassen.

Ein ebenfalls verstärkt auf ländlichen Ladestraßen zu findendes saisonales Ladegut waren Kartoffeln und Zuckerrüben. Während Erstere ihrer Empfindlichkeit wegen bevorzugt in gedeckten Waggons transportiert wurden und somit für den Modellbahner nur während der Verladung sichtbar sind, lagerten die teils mit Traktoren direkt vom Feld angelieferten Rüben oft einige Wochen bis zur Verladung. Diese konnte entweder von Hand oder per Bagger erfolgen, einzelne Bahn-

höfe besaßen dafür jedoch auch eigene stählerne oder betonierte Hochrampen, von denen die Ladung direkt in Bahnwagen gekippt werden konnte. In Westdeutschland nutzte man zusätzlich auch Seilzug-Kipper, mit denen die landwirtschaftlichen Anhänger auf Bordwandniveau der Bahnwagen gehoben wurden. Ein entsprechendes Modell im Maßstab 1:87 findet sich im Modellbahn-Programm von Faller.

**Seit der späten Epoche IV erfolgt die Holzverladung fast ausschließlich mit den Ladekränen der anliefernden LKW. Damit sind im Gegenzug nahezu alle Ladestraßen für Holzverkehre geeignet.**

## ■ Moderne Ladestraßen

Im Zuge der Rationalisierung des Güterverkehrs beim Vorbild wurden in den letzten beiden Jahrzehnten zahlreiche Ladestraßen aufgegeben oder in Parkplätze für Reisende umgewandelt. Dies betraf allerdings nicht nur kleinere Bahnhöfe, sondern auch die Ortsgüteranlagen größerer Städte. An deren Stelle finden sich heute oft lukrative Wohnbauten.

Kommt es, wie etwa nach dem Sturmtief Kyrill, zu plötzlichem Frachtaufkommen, muss man bei einer kombinierten Schiene-Straße-Logistik oft auf teils aufgegebene Ladestra-

**Heute werden für spezielle Logistikprojekte mangels Alternativen vereinzelt alte Ladestraßen notdürftig hergerichtet und für einige Monate oder auch Jahre genutzt. Die Modellumsetzung lässt sich vergleichsweise leicht bewerkstelligen.**

ßen oder ähnliches ausweichen. Die Nachbildung im Modell bietet gerade Fans der Epoche V/VI vielfältige Gestaltungsmöglichkeiten, denn der Umschlag findet oft an notdüftig hergerichteten Ladestraßen mit begrünten Gleisen statt.

Moderne große LKW auf modellbahnüblich kleineren Bahnhöfen mit schmalen Ladeplätzen bei der Holzverladung sind deshalb keineswegs vorbildwidrig, sondern regelmäßig Alltag. Bei der Umsetzung ins Modell sollte die Aufmerksamkeit des Modellbauers jedoch nicht nur den Schienen- und Straßenfahrzeugen gelten, sondern auch dem typischen Umfeld. Bei der Holzverladung sind dies die fast unvermeidlichen Rindenablagerungen zwischen den Gleisen und entlang der Ladestraße, nachzubilden mit Turf aus dem Zubehörangebot sowie einigen selbstgeschnitzten Rinden- und Holzspänen.

Im Bereich der Baustofftransporte, also für Kies, Sand oder auch Zement, wird bei größeren und temporären Baumaßnahmen noch heute auf kleinere Ladestraßen zur Umladung Bahn-Straße zurückgegriffen. Beispiele dafür sind etwa Autobahn- oder Flughafenerweiterungen beziehungsweise Entsprechende Neubauten. Zubehör wie Gleiswaagen oder ein Lademaß werden jedoch nicht mehr benötigt, da selbst im Falle von Verladungen mit Standardfahrzeugen oder Wech-

Viehverladung in den 1930ern: Die Verladerampe ist mit Stroh bestreut, damit einerseits die Tiere besser laufen, andererseits die Reinigung erleichtert wird. Als Übergang zwischen Rampe und Waggon dienen kurze Holzrampen.

selbehältern gearbeitet wird. Müssen Ladungsgewichte festgestellt werden, bedient man sich entweder mobiler Waagen oder nutzt Wiegeeinrichtungen der Bagger und Radlader.

In Einzelfällen kann es sogar sein, dass gleich direkt an der Ladestraße eine provisorische Mischanlage nebst Vorratssilos und entsprechenden Baustoffhalden aufgebaut wird.

## ■ Spezialfall Viehrampen

Zur Versorgung der in der zweiten Hälfte des 19. Jahrhunderts rasch wachsenden Städte mit Fleisch waren Transporte von Lebendvieh aus den ländlichen Regionen per Bahn unverzichtbar, denn leistungsfähige Kühlwagen waren seinerzeit unbekannt. Kurze Wege ergaben sich nur, wenn das Vieh direkt in Marktnähe geschlachtet und verarbeitet wurde.

Aus diesem Grund besaßen in den Epochen I und II zahlreiche Landstationen mit regelmäßigem Viehversand spezielle Rampen mit Gattern. Teilweise waren diese sogar überdacht. Aufder Empfängerseite umfassten die Anlagen neben der Viehrampe selbst auch eine Reinigungs- und Desinfektionsstation für Viehwagen. Dazu gehörte neben einer Lagerstätte für Stroh und Mist auch ein Reinigungskanal zum Abspritzen der Waggons mit Desinfektionsmitteln.

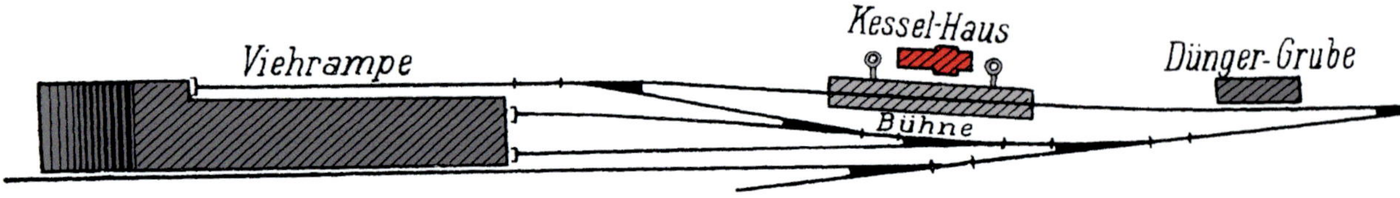


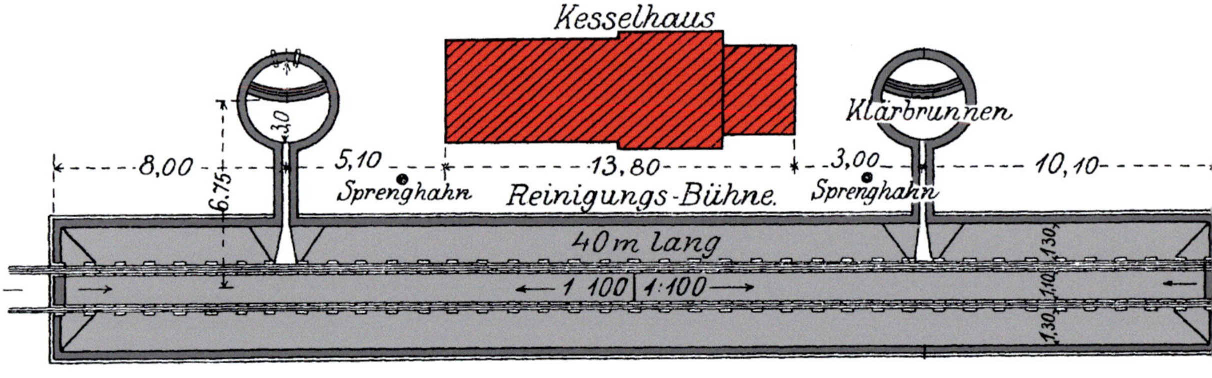


**Wurde regelmäßig Vieh entladen, befand sich in unmittelbarer Nähe der Rampen auch ein Reinigungsplatz mit Mistplatz, Klärbrunnen und vor allem Kesselhaus zur gründlichen Säuberung der Waggons.**

Wurden dagegen seltener Tiere auf die Bahn verladen, genügte eine trag- oder fahrbare Viehrampe als Zusatzausstattung der Ladestraße. Deren Länge richtete sich nach der zu überwindenden Höhendifferenz zum Wagenboden.

Nach dem Zweiten Weltkrieg begann im Zuge des Wiederaufbaus eine Verlagerung und Konzentration der Schlachtbetriebe. Das Vieh gelangte seit Ende der 1950er-Jahre immer häufiger direkt mit Lastzügen dorthin und kam mit der Bahn nur noch als Tiefkühlgut in Containern oder Kühlwagen in Kontakt.Lebendviehtransporte in größerem Stil beschränkten sich dann weitgehend auf (Tunier-) Pferde oder Zirkustiere, wofür teilweise jedoch Spezialwagen etwa mit tiefergelegtem Einstieg für Elefanten oder Giraffen existierten.

**Zum Verladen von Vieh an ländlichen Ladestraßen bewährten sich über Jahrzehnte einfache, mobile Rampen, wie sie sich auch im Zubehörhandel finden.**

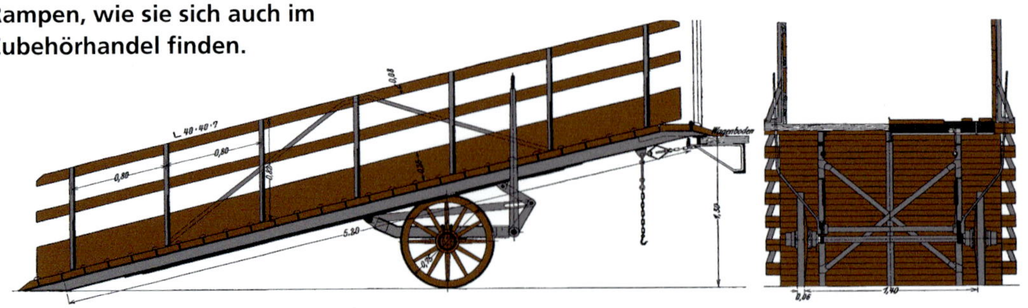

## Eigenheiten der DDR-Reichsbahn

Wie bereits mehrfach erwähnt, wies die Ladestraßennutzung in der DDR einige Eigenheiten auf. Nicht nur, dass auch in der Epoche VI selbst auf untergeordneten Nebenbahnen ohne Personenverkehr ein teils reger Güterverkehr vorherrschte. Zu den wichtigsten Ladegütern zählten neben der allgegenwärtigen Braunkohle zur Heizung auch Baustoffe und Düngemittel sowie Maschinen.

Zudem waren Ladestraßen häufig wichtige und manchmal dauerhafte Abstellplätze von Bauzug-Werkstatt-, Material- und Wohnwagen, so beispielsweise im Rahmen der umfassenden Streckenerneuerungen der 1970er-Jahre beziehungsweise der Elektrifizierungsvorhaben der 1980er-Jahre. Ein Teil der Bauzugwagen besaß sogar eine feste Anbindung an das Elektro- und Wasserversorgungsnetz des Bahnhofes sowie Antennen zum besseren Radio- und Fernsehempfang.

Ab Anfang der 1980er-Jahre spielten einige Ladestraßen in stadtnahen Lagen eine wichtige Rolle beim Containerverkehr. Dieser musste als Schlüsseltechnologie gemäß Parteitagsbeschluss zum Wohle des Sozialismus flächendeckend eingeführt werden, auch wenn vereinzelt die Ressourcen dazu in Form von Terminals oder Waggons fehlten. So kam es, dass an Bahnhöfen wie Annaberg-Buchholz und anderen die per Bahn teilweise in offenen Güterwagen angelieferten 10- und 20-Fuß-Container mit üblichen Straßen- oder Schienenkrä-

**Etliche DR-Ladestraßen dienten in den 1970er- und 1980er-Jahren zur mehr oder minder dauerhaften Abstellung von Bauzugwagen im Rahmen von Großprojekten wie der Zentralen Oberbauerneuerung oder Streckenelektrifizierungen.**

**Anfangs als Provisorium eingesetzt, hielt sich der Containerumschlag per Kran und Traverse an mancher DR-Ladestraße bis zum wirtschaftlichen Umbruch 1989/90. Dank geeigneter Fahrzeuge ist die Modellnachbildung recht leicht möglich.**

nen an Traversen und Stahlseilen oder Ketten auf die Nachlauf-LKW verladen wurden, anstatt mit entsprechenden Brückenkränen und Spreadern (Containerträgern).

Für die Nachbildung derartiger Szenen im Modell bietet der Zubehörhandel inzwischen ein reichhaltiges Sortiment an Schienen- und Straßenfahrzeugen einschließlich der mobilen Kräne inklusive passender Figuren in DDR-typischer Berufsbekleidung in Form gesteppter Wattejacken.

## ■ Containerterminals

Die dem heute allseits bekannten und aus dem modernen Bahnbetrieb nicht mehr wegzudenkenden Containerverkehren zu Grunde liegende Idee, Waren zur Beschleunigung des Umladens zwischen Lager und Verkehrsträger in entsprechenden Transportbehältern zusammenzufassen, ist viel älter als der Containerverkehr selbst. Der kam als solcher erst in den 1960er-Jahren ans Laufen, als die ersten dieser standar-

disierten Großbehälter aus den USA regelmäßig Europa erreichten. Die Deutsche Reichsbahn nutzte schon in den 1930er-Jahren zur Optimierung ihres eigenen Stückgutverkehrs sogenannte Sammelbehälter oder Collis. Das Wechselbehältersystem in den Haus-zu-Haus-Verkehren kann ebenso als Vorläufer des Containerverkehres betrachtet werden, auch wenn die einzelnen Behälter nicht die Größe der Container erreichten. Selbst die Umschlagtechnik stammt im Grundsatz aus jener Zeit, obgleich damals noch Bockkräne dominierten.

Da der Transport der vergleichsweise kleinen Behälter trotzdem recht arbeitsintensiv und damit zeitaufwändig war, sank der Stern des nach dem Zweiten Weltkrieg von beiden deutschen Staatsbahnen fortgeführten Systems in der Epoche IV. Die Straßenkonkurrenz war zu groß. Eine Wiederbelebung erfuhr das System in der Epoche V, als sich auch im LKW-Transport im Baustoff- und Schrottsektor mehr und mehr das System von Absetzmulden durchsetzte. Mittlerweile gibt es

**Quasi als Minicontainer können LKW Absetzmulden auf zugehörige Tragwagen mit Halterahmen ohne Fremdhilfe absetzen. Zur Modellnachbildung eignen sich entsprechende Modelle von Märklin/Trix.**

**Zur Anlage eines Terminals mit Ladegleisen, zugehörigen LKW- und Containerspuren sind Quadratmeter eine übliche Messgröße, soll das Spielvergnügen nicht zu kurz kommen.**

zahlreiche Flach- oder Tragwagen, auf die LKW entsprechende Behälter oder Mulden direkt und ohne weitere Hilsmittel umsetzen können.

Obwohl noch vergleichsweise jung, unterlag der Containerverkehr als solcher in den Epochen IV und V einem großen Wandel. Zu Beginn, also in der Epoche IIIb, waren Container 10 Fuß breite und hohe Boxen die 10 oder 20 Fuß lang waren. Befördert wurden sie anfangs auf normalen zwei- und vierachsigen Flachwagen, zunächst verzurrt, später gesichert durch nachgerüstete Dorne im Wagenboden. Sie verkehrten zuerst nur in Wagengruppen, seltener in Ganzzügen. Umgeladen wurden sie sowohl bei der Bundes- wie auch der Reichsbahn mit Kränen und passenden Ladegeschirren.

Recht bald zeigten sich jedoch die Vorteile dieses Systems, vor allem die Schnelligkeit beim Umladen: An der Schnittstelle Schiene-Straße setzte man einfach den Container um, anstatt wie sonst beim Stückgut- oder Wagenladungsverkehr einen Waggon zeitaufwändig aus- und einen LKW einzuladen.

Wegen der besonderen Infrastrukturanforderungen entstanden schon Ende der 1960er-Jahre an den Seehäfen und in der Nähe größerer Güterbahnhöfe durch Umrüstung von Ladestraßen oder auch als Komplettneubau separate Containerterminals mit der heute noch üblichen Ausstattung mit selbstfahrenden Portalkränen, welche mindestens zwei Gleise sowie entsprechende LKW-Fahrspuren und Stellflächen überspannen können.

Dank der Digitaltechnik gibt es für die interessierten Modellbahner neben etlichen Standmodellen amerikanischen Ursprungs nun auch Containerbrücken nach mitteleuropäischen Vorbildern, etwa von Heljan als Funktionsmodell. Sie erlauben dem Umschlag von mit Magneten in der Oberseite präparierten Containern und LKW-Wechselbrücken vom Lagerlatz auf den Zug und umgekehrt. Zudem lässt sich der Kran mit dem bekannten Faller-Car-System kombinieren. Nachbauwillige Modellbahner sollten den Platzbedarf solch eines Terminals allerdings nicht unterschätzen.

**Dank digital gesteuerter Funktionsmodelle können Modellbahner nach entsprechenden Investitionen realistische Containerverkehre auch im Kleinen abwickeln.**

# 6 Anschlussbahnen

Sie sind eine ganz spezielle Form von Güterbahnhöfen und ihre Ausprägung reicht vom einfachen Bahnhofsnebengleis bis hin zum verzeigten und sich über Kilometer erstreckenden Gleisnetz zur Versorgung etlicher Betriebe oder Großunternehmen wie Zechen, Stahlwerke, Häfen etc. In den meisten Fällen dienen Anschlussbahnen nicht dem öffentlichen Verkehr. Verkehren dennoch Personenzüge auf ihnen, dienen diese ausschließlich dem Berufsverkehr. Im größeren Stil gab es dies beispielsweise zur Bedienung der Wismutwerke im thüringisch-sächsischen Grenzgebiet um Ronneburg und Gera. Je nach Ausdehnung der Gleisanlagen und dem jeweiligen Frachtaufkommen können auch mehrere Loks parallel im Einsatz stehen und die Streckensicherung auch Signale und Blockstellen mit eigenen Stellwerken umfassen.

Die Aufgabe der Werksbahnhöfe selbst besteht analog zu den klassischen Güterbahnhöfen darin, vom öffentlichen Netz kommende Züge aufzunehmen, die Wagen den einzelnen Ladestellen zuzordnen und im Gegenzug Züge zum Übergang auf das öffentliche Netz bereit zu stellen. Dazu besitzen sie Ein- und Ausfahrgruppen beziehungsweise entsprechende Übergabegleise. Hinzu kommen wie im regulären öffentlichen Güterbahnhof die zur Wahrnehmung der Aufgaben notwendigen Rangier- und Zugbildungsgleise, auf denen Wagen oder Wagengruppen für die verschiedenen Ladestellen und Verladeanlagen innerhalb des Werksgeländes bereit gestellt werden.Weitere Bauten, etwa Lokschuppen, Tankstellen sowie Wagenwerkstätten, können die Infrastruktur der Anschlussbahnen abrunden.

## ■ Anschlussstellen

Sie stellen die einfachste Form einer Anschlussbahn dar und finden sich entweder unmittelbar an Bahnhofsausfahrten, Nebengleisen oder sind auf der freien Strecke zu finden. Anschlussstellen besitzen in der Regel nur eine einzelne Zugangsweiche, weshalb während der Bedienung Zugfahrten auf dem zugehörigen (Strecken-) Abschnitt nicht möglich sind. Um Gefährdungen des parallelen Rangier- oder Zugbetriebs durch unbeabsichtigt abrollende Wagen auszuschlie-

**Schmalspurige Anschlussbahnen sind eine interessante Abwechslung im Betrieb, vor allem wenn Be- und Entladevorgänge zum Spielen verführen.**

**Die einfachste Form einer Anschlussstelle ist ein an den Bahnhof angebundenes Nebengleis. In diesem Fall verhindert zudem eine Mauer Gefahrensituationen bei Ladearbeiten.**

ßen, sind Anschlussstellen immer mit Gleissperren oder in vielen Fällen sogar mit einer Schutzweiche samt kurzem Prellbockgleis ausgerüstet.

## ■ Ausweichanschlussstellen

Sie stellen eine Miniaturform des Werksbahnhofes dar und erlauben die Bedienung eines Anschlusses an freier Strecke ohne Einschränkung des Zugverkehrs. Entsprechende Gleisanlagen erlauben das komplette Einfahren der Übergabeeinheit oder auch eines ganzen Zuges in den Werksanschluss. Er wird dort eingeschlossen.Das Streckengleis kann anschließend freigemeldet werden und steht dem regulären Betrieb wieder zur Verfügung. Vor Beginn der Rückfahrt meldet sich die Übergabe fertig und darf erst nach Zustimmung des Fahrdienstleiters zurück zum Bahnhof.

Im Normalfall besitzt der Ein- und Ausfahrbereich einer Ausweichanschlussstelle mindestens zwei Gleise zum Einfahren des Zuges und dem anschließenden Umsetzen der Lok ans

andere Zugende zum Rangieren oder für die Rückfahrt. An dieses Umfahrgleis können die einzelnen Zufahrten zu den jeweiligen Ladestellen direkt eingebunden sein.

Sollte die Werkbahn eine eigene Rangierlok oder eine sonstige Möglichkeit zur Wagenbewegung, beispielsweise eine Spillanlage oder ein Zweiwegefahrzeug besitzen, dienen die vorstehend beschriebenen Gleisanlagen regelmäßig als Wagenübergabestelle (Wüst). Dort befährt die Zuglok nach der Einfahrt und dem Abkuppeln ein Neben- oder kurzes Wartegleis. Anschließend kann die Werklok den Eingangszug abziehen und die Streckenlok vom Wartegleis an den im Nachbargleis bereit stehenden Ausgangszug umsetzen.

Derartige Ausweichanschlussstellen eigenen sich auch sehr gut als Bahnhofsersatz, wenn bei nur geringem Platz für die Modellbahn in der eigenen Wohnung auf einer kleineren Anlage trotzdem vorbildgerechte Schnell- und mustergültig lange Güterzüge verkehren sollen. Ein entsprechender Entwurf findet sich auf der folgenden Seite.

**Bei einer Ausweichanschlussstelle kann sich die Übergabeeinheit während der Rangierarbeiten einschließen. Der reguläre Verkehr auf der Strecke (rechts) kann ungehindert weiter rollen.**

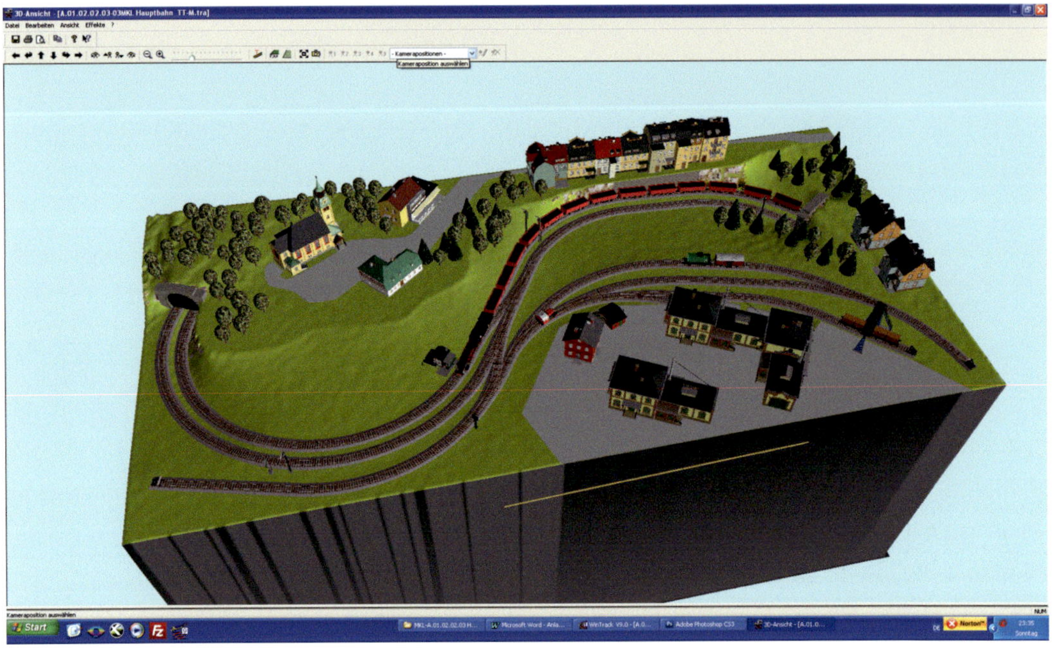

**Ein Beispiel dafür, wie eine kleinere Anschlussbahn auf beengtem Raum, hier einer 1,65 x 0,90 m großen TT-Anlage, sowohl Rangiervergnügen wie auch das Verkehren vorbildgerecht langer Züge zulässt. Deren Länge bestimmen die nicht sichtbaren Schattenbahnhofsgleise auf der unteren Anlagenebene.**

## Ungewöhnliche Lösungen

Welche ungewöhnlichen Lösungen sich auf mancher kleinen Anschlussbahn noch Ende der 1990er-Jahre finden ließen, zeigt nebenstehendes Beispiel aus Königstein in Sachsen.

Das zwischen Bahnstrecke und Elbe liegende Sägewerk mit einer großen Laderampe ist nur über eine Zugbrücke unmittelbar hinter dem Bahnübergang über die Streckengleise erreichbar, weil das Zufahrgleis aus geologischen Gründen gut anderthalb Meter unter dem Gleisniveau der Bahnhofsausfahrt liegt. Zum Schutz der Brücke besitzt das Gleis auf der Anschlussseite zusätzlich eine Handweiche, die noch über ein sächsisches Kugel-Gewicht umgestellt wird. Zu dessen Bedienung besitzt die dahinerliegende Stützmauer eigens eine halbkreisförmige Einbuchtung.

Ebenso bemerkenswert ist der Prellbockersatz am Abzweig der Schutzweiche. Eine mit Klammern quer auf den Schienen befestigte Schwelle sowie ein davor liegender Doppelhemmschuh müssen im Falle eines Falles als Schutz für den Pfeiler der Zugbrücke genügen. Diese wird von einem kleinen Maschinenhaus über einen Seilzug und entsprechende Umlenkrollen auf den bahnabgewannten Brückenpfeilern bedient.

Bis auf die Konstruktion der Pfeiler lässt sich das interessante Bauwerk vergleichsweise einfach ins Modell umsetzen, weil sich der komplette Antrieb leicht im Maschinenhaus unterbringen lässt. Dieses wiederum entsteht rasch aus Bausatzresten oder Kunststoffplatten.

In Königstein existiert diese Anschlussbahn mit Zugbrücke und sächsischer Kugelweiche.

Im abgeklappten Zustand sichert ein festes Sperrsignal in Tafelform das Bauwerk.

Die Bahnhofsseite des Anschlussgleises mit entsprechender Beschilderung der Grenze.

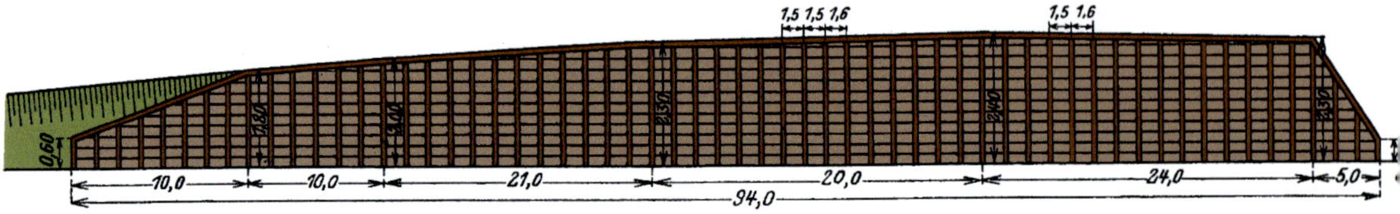


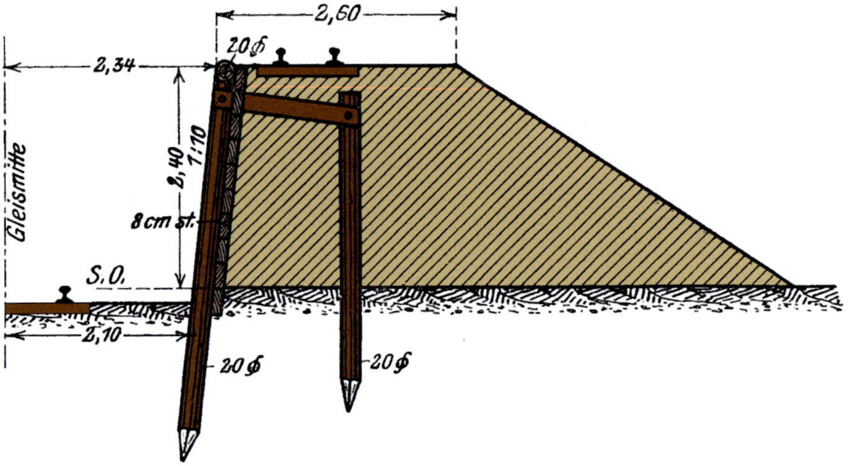


**Zu Beginn des 20. Jahrhunderts besaß der Bahnhof Ilversgehoven bei Erfurt einen Feldbahnanschluss zur nahen Kiesgrube. Aus heutiger Sicht wirkt die zur Umladung aufgeschüttete Rampe mit der Holzbefestigung recht abenteuerlich.**

## Feldbahnen

Vor allem als gegen Ende des 19. Jahrhunderts die Bestimmungen zum Bau von Eisenbahnen gelockert wurden, entstanden auch in der Fläche zahlreiche Schmalspur- sowie Feldbahnen zur Abfuhr von landwirtschaftlichen Produkten, Steinen, Sand sowie Holz. Die Umladung dieser Waren zum Weitertransport mit regulären Bahnen erfolgte in der Regel über einfache Rampen, weil gerade auf Feldbahnen vorrangig Kipploren zum Einsatz kamen (siehe oben).

Auf der Modellbahn ergeben sich durch das Zusammenspiel der verschiedenen Spurweiten vielfältige Rangier- und Betriebsmöglichkeiten vor allem für H0-Bahner. Aber auch in

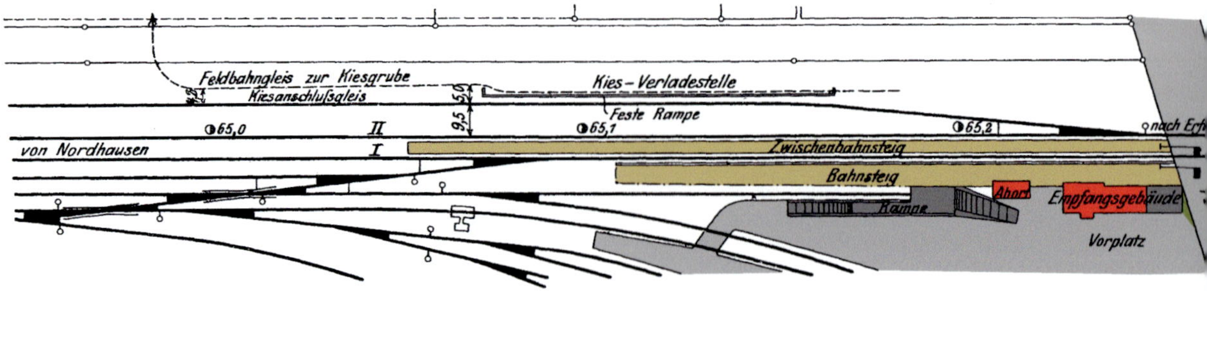

den angrenzenden Spurweiten wie 0 und TT nimmt die Zahl von entsprechenden Fahrzeugmodellen aus Großserien- oder detailreicher Kleinserienproduktion zu.

Ein weiterer Vorteil einer schmalspurigen Anschlussbahn ist ihr geringer Platzbedarf aufgrund der kleineren Radien der Gleisbögen im Vergleich zum Regelspurgleis der selben Nenngröße.Dies wirkt sich vor allem dort positiv aus, wo die Feldbahnen im Hintergrund verschwinden.

Bei der Wahl des Gleissystems sollte man jedoch beachten, dass auch bei gleicher Spurweite der Schwellenabstand bei Feldbahnen größer als der von Schmalspurbahnen ist. Dort wiederum liegen die Schwellen weiter auseinander als bei einer Regelspurbahn. Vor allem im Maßstab 1:87 ist die Auswahl an verschiedenen Gleisarten und -herstellern naturgemäß besonders groß.

Selbstverständlich ist es dem Modellbahner auch möglich, eine Feld- oder Schmalspurbahn mit ihren Anlagen zum Hauptthema einer Anlage oder eines Betriebsdioramas zu machen und den angrenzenden Regelspurteil nur anzudeuten beziehungsweise lediglich in Form des Umladegleises umzusetzen. Letzteres bewährt sich vor allem bei größeren Maßstäben regelmäßig.

**Vor allen in den Nenngrößen H0 und 0 finden sich einige Feldbahn-Hersteller mit einer teils beeindruckenden Modellpalette. Besonders interessant werden die zugehörigen Anlagen, wenn auch das Umfeld dieser Miniaturbahnen vorbildgerecht detailliert gestalten wird.**

**Allein der Größenvergleich der Lok der Baureihe 94 mit der dahinterliegenden Sortierhalle zeigt die Dimensionen moderner Bausätze von Zechen (Joswood).**

**Die große Wagenvielfalt der Epochen II und III, hier auf Beladung in einer Brikettfabrik wartend (rechts oben), fasziniert viele Modellbahner. Wichtig sind auch in älteren Bausätzen fehlende Details wie Beschaubrücken zur Kontrolle (links unten).**

## Zechen und Kokereien

Nicht zuletzt wegen ihrer Rolle als Hauptenergielieferant der Eisenbahnen besitzen Zechen und Kokereien bis heute eine besondere Attraktivität für die Modellbahn. Dies wird nicht zuletzt auch durch die zahlreichen Zechenbausätze der etablierten Zubehörhersteller unterstrichen.

Besondere Aufmerksamkeit erregt das Thema allerdings seit wenigen Jahren durch das gemeinsame, obgleich nicht immer lang anhaltende Engagement von Modellbahn- und (Kleinserien-) Herstellern. Genannt seien beispielhaft Märklin/Trix sowie Roco/Fleischmann. Vor allem die Grenzen herkömmlichen Modellbaus sprengende Dimensionen der neuesten Bausatzgeneration dürften die Ursache für den geringen Erfolg gewesen sein. Wie aus den nebenstehenden Vorbildfotos ersichtlich, benötigen schon kleinere Zechen mitsamt unbedingt nötigem Umfeld bereits einiges an Raum auf der

Deutsche
Reichsbahn
Frankfurt 37 607
0
Halle 28 744
0

**Noch bis 2012 fördert die Zeche Ensdorf als eine der letzten im Saar-Revier ihr schwarzes Gold. Trotz der eher bescheidenen Größe erreicht die Gesamtanlage eine beträchtliche Längenausdehnung.Dennoch kann man solche Anlagen mit wenigen Abstrichen glaubwürdig ins Modell umsetzen, etwa, wenn die dominante Kohleverladung nur als Hintergrundkulisse fungiert.**

Anlage, selbst wenn diverse Gleisverbindungen wie beim Vorbild auch mit Dreiwege- oder selbstgebauten Mehrfachweichen verbunden werden.

Der weitaus größere Reiz für den Modellbauer bei der Umsetzung dieses Themas besteht vor allem bei beschränktem Platzangebot darin, entsprechende Anlagen nur als glaubwürdige Kulisse darzustellen, beispielsweise durch die Platzierung in einer Anlagenecke, oder sich auf einen Ausschnitt des Produktionsprozesses zu beziehen. Einige Ansätze dafür zeigen die Vorbildaufnahmen dieser Seite.

Besonders reizvoll wird das Thema Kohle natürlich, wenn entsprechende Funktionsmodelle die Be- oder Entladeszenen nachvollziehbar werden lassen und so den Spielwert der Anlage nachhaltig über den Rangierbetrieb hinaus erhöhen.

Ein interessantes Detail der Zeche Ensdorf ist die zur Wagenbewegung unterhalb der Beladung installierte Seilzuganlage (oben rechts).

Vor allem durch die Nutzung von Dreiwegeweichen und zusätzliches Ineinanderschieben derselben realisierte man bei vielen Zechen auf engem Raum die nötigen Gleisverbindungen.

**Der Gleisplan der Grube Reden veranschaulicht gut die Dimensionen des Werksbahnhofes im Vergleich zu den öffentlichen Anlagen. Von der Zeche ist heute nichts mehr zu sehen, lediglich das ehemalige Holzausladegleis dient der Bedienung einer Zwischenlager-Halde.**

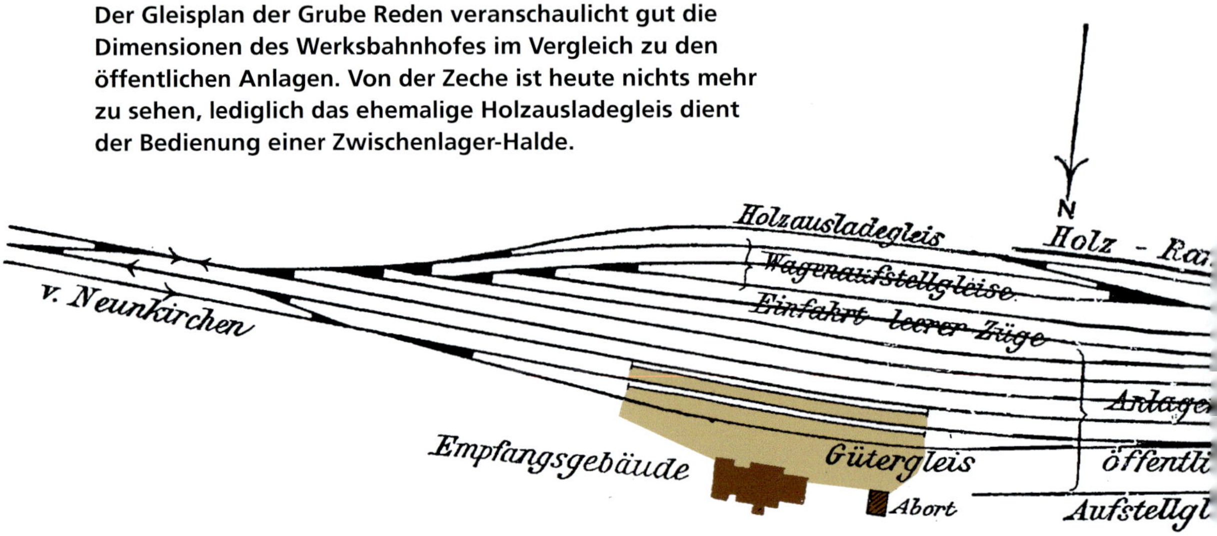

Ähnlich wie in Rheden (siehe oben) ist auch das Areal der Zeche Neunkirchen-Hermine nur noch Zwischenlager für die geförderte Kohle. Von der Zeche Ensdorf kommt sie in offenen Wagen der Gattung Eaos hierher und wird ausgebaggert. Soll sie später ins Kraftwerk, belädt der Bagger dafür vorgesehene Selbstentladewagen, hier der Gattung Falns.

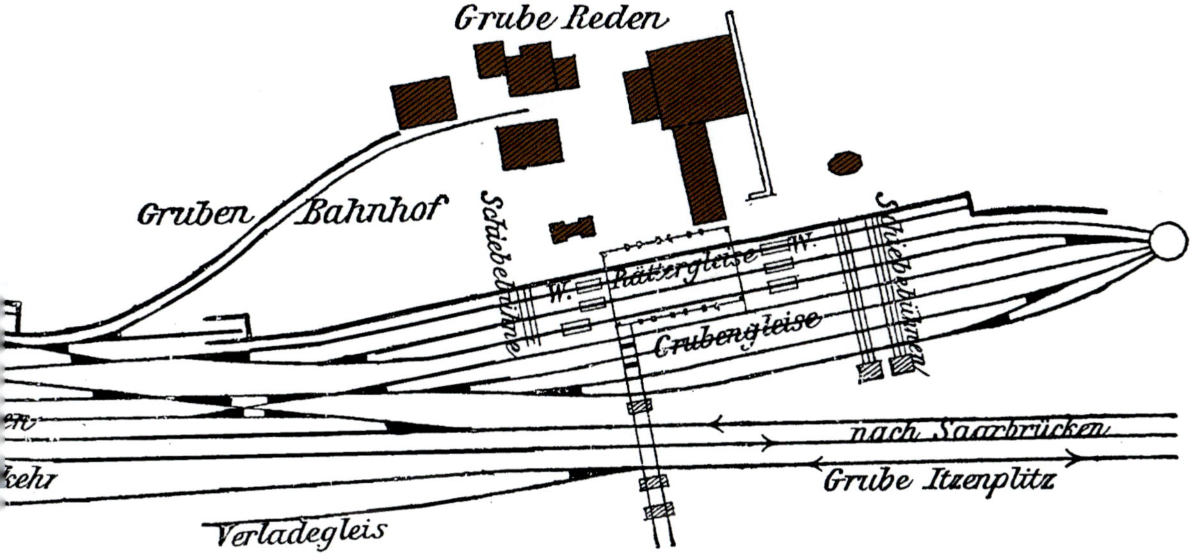


## ■ Umladeanlagen für Kohle

Selbstentladewagen für den Kohle- oder Baustoff-Transport finden sich in den Sortimenten zahlreicher Modellbahnhersteller, allerdings sind die meisten Miniaturen funktionslos. Lediglich Piko bietet eine passende Entladebrücke zu seinen H0-Waggons. Diese kann in zwei Versionen aufgebaut werden: Entweder als bis zu dreifeldrige, aufgeständerte Brücke oder als ebenerdige Bühne. Erstere findet sich oft dort, wo das antransportierte Gut mit Greifern oder Radladern weitertransportiert wird. An Bühnen dagegen schließen sich regelmäßig Tiefbunker mit entsprechenden Bandförderanlagen zu Vorratssilos oder Produktionsanlagen an. Erweiterte Spieloptionen ergeben sich mit Waggons mit ferngesteuerten Klappen, wie sie Fleischmann 2011 als Muster vorstellte.

**Für das Spiel mit den Selbstentladewagen aus eigenem Hause bietet Piko bereits seit Jahrzehnten eine Entladebrücke, die auch zur Bühne umfunktioniert werden kann (links). Das Entleeren der Fals-Wagen geschieht über einen Einleger, der einen unscheinbaren Zapfen an der Wagenseite bewegt und so während der Vorbeifahrt die gefederten Seitenklappen des Waggons öffnet.**

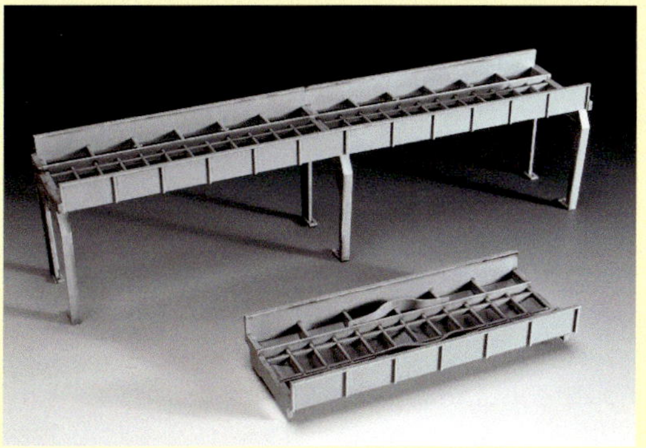

**Moderne Tanklager sind heute in der Regel zur Aufnahme von Ganzzügen mit 22 bis 26 Kesselwagen ausgelegt. Wer so etwas im Modell nachbilden möchte, würde in H0 gut 5, in TT noch immer 3,5 Meter allein in der Länge einkalkulieren müssen. Der Durchmesser der Tanks läge bei rund 40 bis 50 Zentimetern.**

## ■ Tanklager

Noch in der Epoche II kleines ein Anhängsel chemischer Fabriken, erleben Tanklager mit fortschreitender Verbreitung des Automobils während der Epoche III eine zunehmende Verbreitung. Waren seinerzeit viele Anlagen jedoch noch dezentral und verfügten über entsprechend kleine Tanks, etablieren sich seit der ausgehenden Epoche IV zunehmend Großtanklager, welche mit Ganzzügen angefahren werden.

Fanden sich Tanklager früher oft noch als Anlieger an Ladestraßen, dominieren heute vor allem Standorte auf der grünen Wiese (siehe oben). Daneben finden sich große wie auch kleinere Tanklager regelmäßig in Häfen, denn ein beträchtlicher Teil der Mineralölprodukte wurde und wird von Binnenschiffen zwischen den Raffinerien und Abnehmern in Tanklagern oder der chemischen Industrie transportiert.

Wie so oft, haben die im Zubehörhandel zu findenden Bausätze eher historischen Charakter und ältere und damit kleinere Anlagen zum Vorbild. Eine positive Ausnahme bilden die

Piko-Bausätze: Deren Verladeanlage für LKW beziehungsweise Kesselwagen entspricht modernen Vorbildern. Nur die Hochtanks fallen etwas kleiner aus, lassen sich aber wenigstens in der Höhe unter Zuhilfenahme weiterer Bausätze aufstocken. Vorbildgerechter dimensionierte Tanks lassen sich dagegen aktuell nur aus dichteren Schaumstoffen wie etwa Styrodur schneiden, weil die Tanks des Märklin-Gasometers nicht mehr verfügbar sind.

Neben den Hochbauten sind jedoch auch die Gleisanlagen von Belang. Genügen bei kleineren Lagern schon Stichgleise für wenige Waggons den Anforderungen, besitzen größere Tanklager immer durchgehende und von beiden Seiten befahrbare Ladegleise mit entsprechenden Umsetzmöglichkeiten für die Zug- oder Rangierlok. Das Grundschema ist auf der Vorbildaufnahme links oben ersichtlich.

Beim Lokeinsatz in einem Tanklager sollte naturgemäß auf Dampfloks verzichtet und statt dessen auf Diesel- oder Dampfspeicherloks (Liliput, Trix)) zurückgegriffen werden.

**Ein einschließlich der Lade- und Umfahrgleise vorbildgerecht nachgestaltetes Tanklager, wie es in den Epochen III und IV üblich war. Der Vergleich der V 36 mit den Großtanks, entstanden aus abgewandelten Kesseln des Märklin/Trix-Gasometers, veranschaulicht die Dimensionen. Glaubwürdig wären aber auch in zwei Reihen eingesetzte Tanks etwa aus dem Sortiment von Faller und Piko (H0) oder Auhagen (TT).**

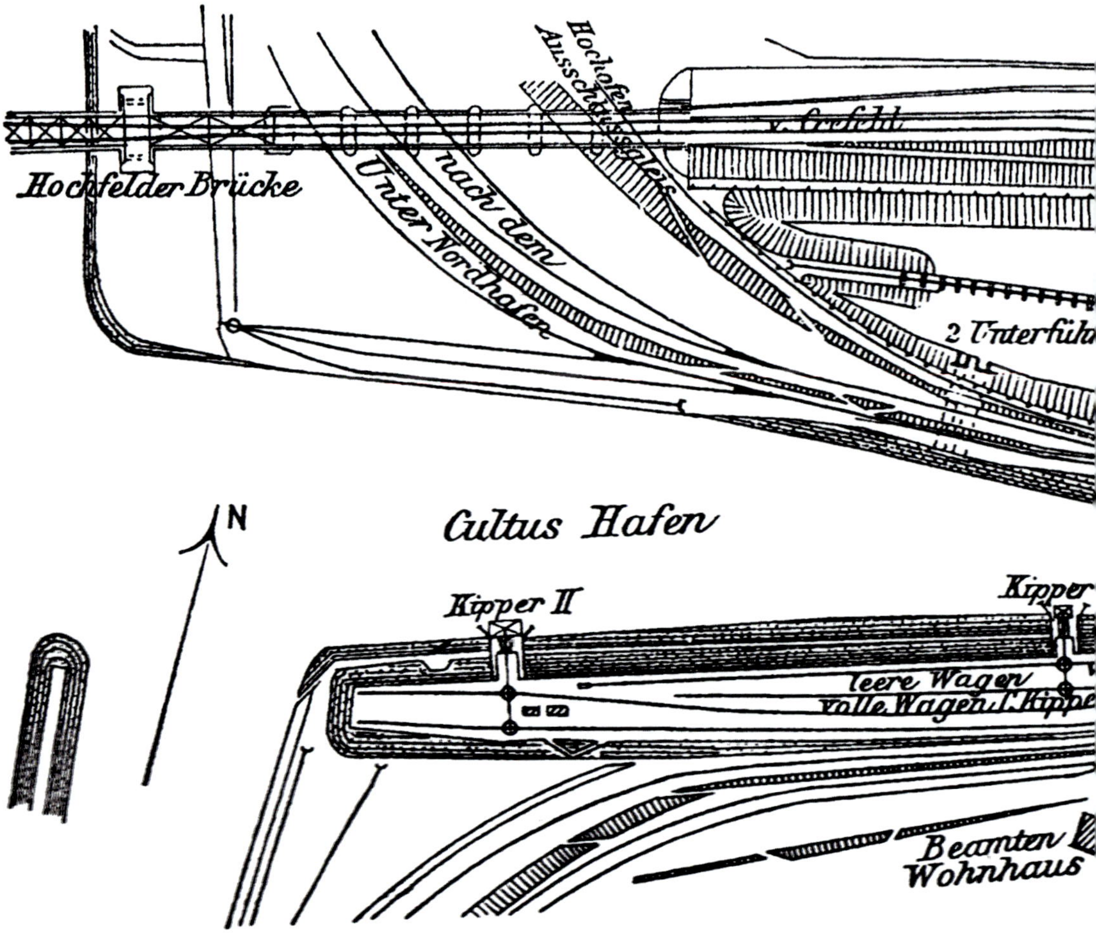


**Selbst Ausstellungsanlagen können derartige große Häfen nur teilweise nachbilden. Dennoch bieten Pläne wie die des Duisburger Kohlehafens vielfältige Anregungen zur Umsetzung.**

**Werden Hafenbecken und Industriebauten in weiten Teilen als Kulisse angelegt, lässt sich bereits auf kleinem Raum viel unterbringen, ohne dass die Glaubwürdigkeit leiden muss (rechts).**

## Hafenanlagen

Die Verknüpfung von Eisenbahn und Schifffahrt ist für etliche Modellbahner ein sehr reizvolles Thema, auch weil die baulichen Anlagen in Häfen zum einen eine große Vielfalt aufweisen, zum anderen aber auch die obligatorischen Kräne, sofern als Funktionsmodell ausgelegt, zahlreiche Spielmöglichkeiten bieten. Zudem erlauben sowohl Hafenbecken als auch Industriebauten die Ausführung nur als Kulisse, was sich wiederum positiv auf den Platzbedarf auswirkt.

Von den Schiffsmodellen abgesehen, ist das Angebot der Zubehörhersteller sowohl in Sachen Kaigestaltung wie auch bei Kränen und Gebäuden recht groß. Die Materialvielfalt reicht dabei vom klassischen Kunststoff über Gips- und Resinelemente bis hin zu lasergeschnittenem Karton. Zur Nachbildung der Wasserflächen gibt es ebenfalls mehrere Möglichkeiten. Sie reichen vom Zweikomponenten-Gießharz über dick lackierte Flächen bis hin zu Kunststoff-Struktur-

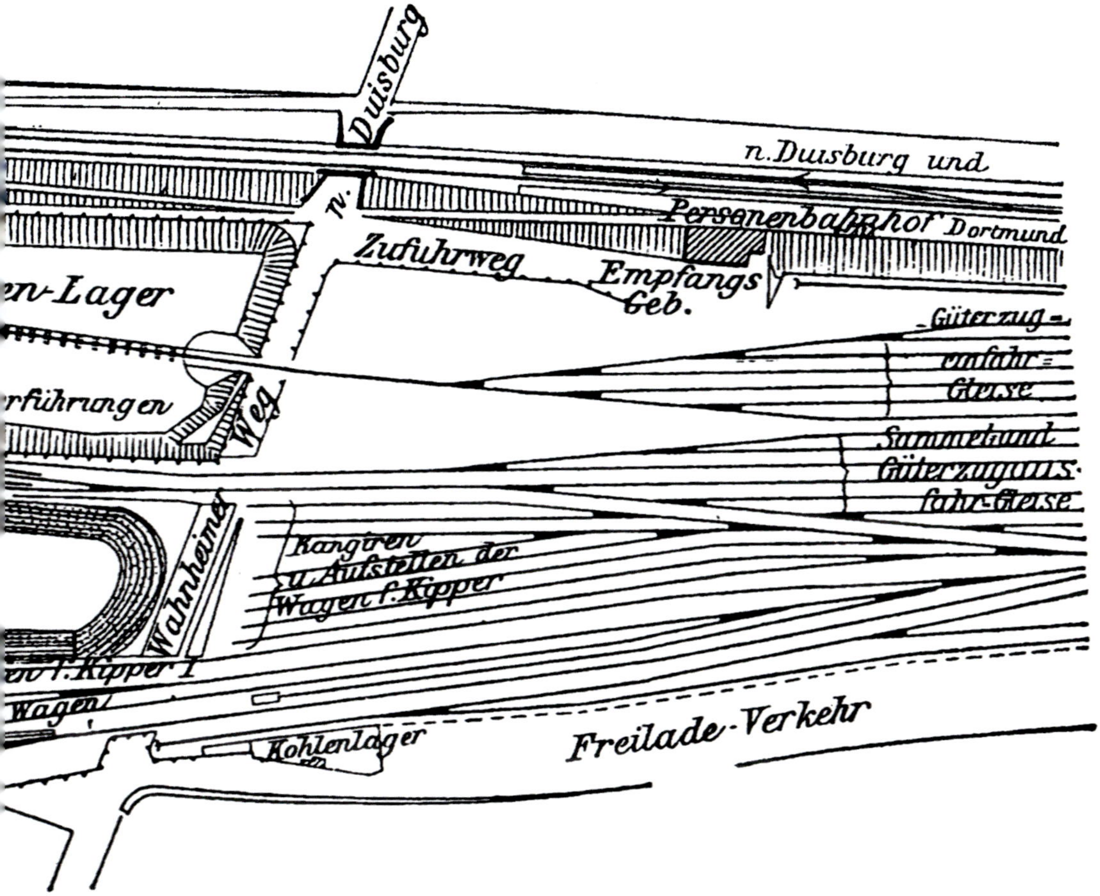
Duisburg
n. Duisburg und
n.
Personenbahnhof Dortmund
Zufuhrweg
Empfangs Geb.
en-Lager
Güterzug-
Weg
Wahnheimer
Kohlenlager
Freilade-Verkehr

BIER
MAYBACH
MOTOREN
WERKE
STINTBIER
STINT
HAFEN BRAUEREI

**Derartige Großkräne wie hier am Kalikai im Ostsee-Hafen Wismar, sind ebenso wie die zugehörigen Schiffsmodelle nur im Eigenbau zu haben. Eine Nummer kleiner kann dieselbe Szenerie jedoch mit handelsüblichen Modellen als Teil eines Binnenhafens bei gleichem Spielwert zumindest in der Nenngröße H0 recht leicht nachgestaltet werden.**

platten oder verschiedenen Latex-Produkten. Professionelle Modellbauer bevorzugen aber regelmäßig Kombinationen, etwa Verfeinerungen der Harzoberfläche mit Latex für einen realistischeren Wellenschlag. Eine große Ausnahme bilden Schauanlagen wie die des Hamburger Miniatur-Wunderlandes, bei denen Schiffsmodelle in echtem Wasser (ferngesteuert) unterwegs sind.

Wie bereits erwähnt, sind die Gestaltungsmöglichkeiten von Umschlaganlagen und der zugehörigen Gleisanbindung sehr vielfältig. In den meisten Häfen finden sich daher separate Bereiche für einzelne Gutarten, etwa ein Kohle-, Holz-, Dünger- oder Getreidekai, ein Öl- oder Continerhafen etc. Entsprechende Anregungen finden sich entweder in zeitgenössischen Darstellungen oder auf (Foto-) Exkursionen zu real existierenden Vorbildern.

Aufgrund der Vielfalt bestehen kaum räumliche Einschränkungen bei der Nachgestaltung im Modell, weil ohne weiteres auch Ausschnitte eine Hafenbeckens recht glaubwürdig

dargestellt werden können. Daneben bietet es sich an, den Hafen angesichts der vielfältigen Rangier- und Betriebsmöglichkeiten auch zu einem eigenen Anlagenthema zu machen. Was auf engem Raum möglich ist, zeigt der Entwurf auf der Seite 125. Der obligatorische Rundkurs wurde dabei geschickt durch eine entsprechende Kulisse aus befahrbaren Lagerhallen teilweise kaschiert und so den Blicken des Betrachters entzogen. Zudem erlaubt eine solche Anordnung die Anlage zusätzlicher verdeckter Abstellgleise für einzelne Waggons oder kurze Rangierabteilungen. Kann man zusätzlich noch auf funktionierende Kranmodelle (Märklin oder Roco) zurückgreifen, ist der Spielspaß garantiert.

Etwas problematisch ist dagegen die Gestaltung moderner Hafenanlagen, denn Anlagen wie moderne Containerkrane oder Lagerhallen sind nicht handelsüblich und müssen deshalb aus Kunststoffplatten und zugehörigen Profilen selbst erstellt oder durch Abwandlung (ausländischer) Bausätze zeitaufwändig gewonnen werden.

**Für Abwechslung sorgt in diesem Getreidehafen nicht nur die vorbildgerechte Nachbildung der LKW-Anlieferung, sondern auch der zur Be- oder Entladung gleichermaßen einsetzbare Rohrausleger samt teilweise geöffnetem Binnenschiff (Trix-Modell). Selbst das mitreisende Auto vergaß der Erbauer nicht.**

Im Hafen Lünen befindet sich auch eine Mahlanlage für Kohlenstaub, der mit dem Schiff angeliefert wird. Mit der Waggonbeladung hat der Kran hier nichts zu tun.

Eine sehr einfache Hafenform stellt dieser Verladekai am Rhein bei St. Goarshausen dar. Er diente seinerzeit der Kies- und Steinverladung. Ein ähnlicher Kran findet sich bei Faller.

**Mit geeigneten Kulissen und zusätzlichem Spiegel am Rand erreicht dieser in der Epoche I/II angesiedelte Modellhafen je nach Betrachtungswinkel beeindruckende Dimensionen.**

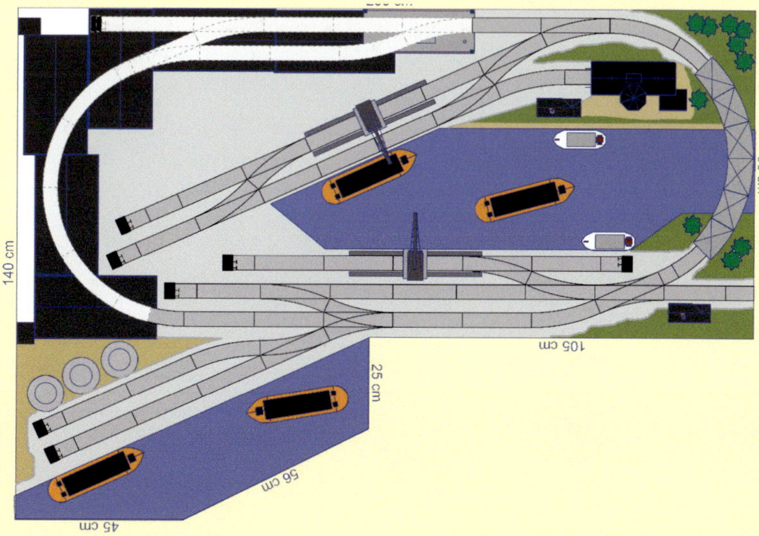


**H0-Gleisplanentwurf einer kleinen, aber recht rangierintensiven Hafenanlage. Das Gleisoval wird durch hinreichend große Fabrikhallen teilweise verdeckt. Eine Gitterbrücke über der Hafeneinfahrt wirkt als Blickfang. Die Verbindung zum Güterbahnhof ist im Plan rechts unten angedeutet.**

**Gerade Werkskulissen mit Durchfahrten (hier mkb-Modelle) oder recht großen Toren (Auhagen) bieten sich zur Anlage verdeckte Abstell- oder Fahrmöglichkeiten an.**

## Industriekulissen

Das modellbahnübliche kaschieren eines Teils der Strecke mit Tunneln scheidet auf Flachland- oder Industrieanlagen regelmäßig als Gestaltungsoption aus. Eine durchaus praktische und gleichzeitig vorbildgetreue Alternative sind vor allem im letzten Fall neben großen Werkshallen als Halbreliefbauten ausgeführte dreidimensionale Kulissen, in denen Durchfahrten oder entsprechende Tore die Gleise aufnehmen und so für den Betrachter glaubhaft verschwinden lassen.

War dafür bislang fast immer ein Eigenbau nötig, bieten nicht zuletzt dank neuer Fertigungsmethoden wie der Lasertechnik vor allem Kleinserienhersteller wie mkb-Modelle (modular aufgebaute) Kartonbausätze an.. Zur Auflockerung kann eine kleine Wagendrehscheibe dienen (links).

Wer dagegen Kunststoff bevorzugt, kann auf die 2011 erschienenen Fassadenelemente der Auhagen-Werksserie zurückgreifen. Zusammen mit passenden Toren und Einfahrten lassen sich auch von weniger erfahrenen Modellbauern schnell eindrucksvolle Hintergrundbauten erschaffen.

Diese Sortier- und Verladeanlage eines größeren süddeutschen Steinbruchs entstand komplett im Eigenbau. Die sorgfältig aufgetragene Patina der Hochbauten und Fahrzeuge sorgt für einen sehr realitätsnahen Gesamteindruck.

## Verladeanlagen für Gesteine

Vor allem ländliche Bahnhöfe lassen sich in Sachen Güterverkehr nicht nur durch Holz- und Viehrampen sondern auch durch eine Verladeanlage für Sand, Kies oder Schotter bereichern. Die zugehörigen Sand- und Kiesgruben oder Steinbrüche sorgen zudem für Abwechslung im Landschaftsbild. Die in den meisten Fällen nötige Anlage eines entsprechenden Hanges verleiht der Modellbahn zudem mehr Tiefe und erlaubt gegebenenfalls auch den Aufbau eines verdeckten Abstellbahnhofes für weitere Zuggarnituren.

Während die Landschaftsgestaltung dank einer großen Produktvielfalt als Felsen, Schotter und Modellbaumassen samt passender Gesteinsfarben vergleichsweise leicht zu bewerkstelligen ist, fällt das Angebot an passenden und vor allem einigermaßen maßstäblichen Verladeanlagen bescheiden aus. In den meisten Fällen bleibt deshalb nur die Suche nach für die eigenen Anlagendimensionen passenden Vorbildern und der Nachbau derselben anhand selbstgefertigter Skizzen aus Kunststoff-, Sperrholz- oder Messingplatten sowie handelsüblichem Zubehör wie Fenstern, Türen, Dachplatten sowie Regenrinnen und Fallrohren etc.

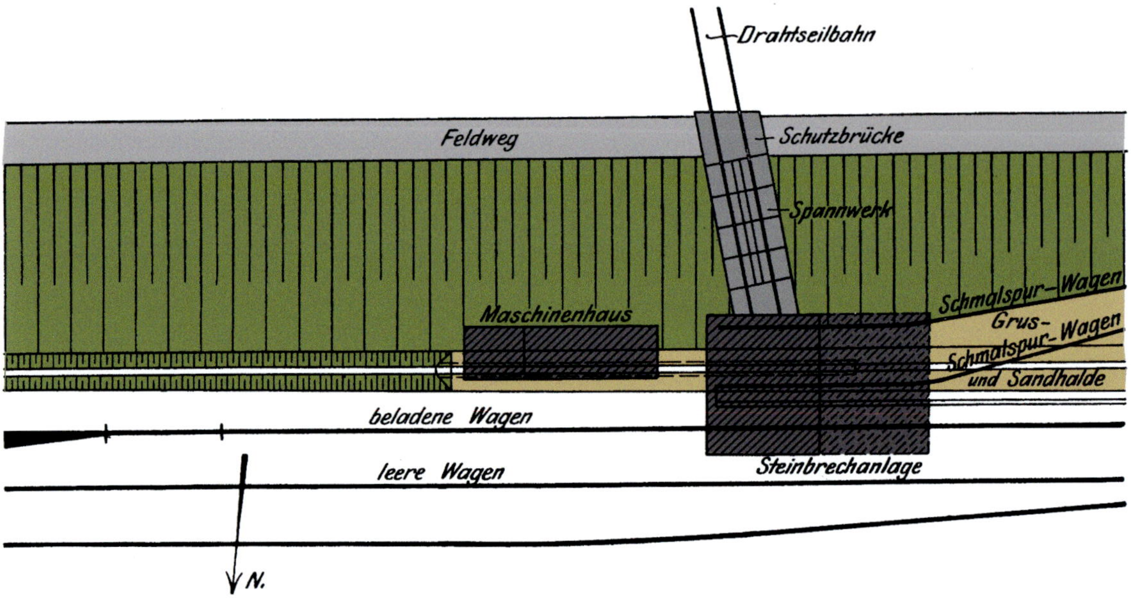


**Der Bahnhof Pößneck besaß bis in die Epoche III hinein eine Anschlussbahn zu einem Brecherwerk. Dessen Versorgung übernahm ursprünglich eine dampfbetriebene Seilbahn, während die Abfuhr sowohl auf Schmal- als auch Regelspur erfolgte.**

Eine weitere Option ist die Kitbashing genannte Fertigung durch Kombination oder Abwandlung verschiedener handelsüblicher Bausätze. Auf jeden Fall sollte man darauf achten, dass die Bauten auch glaubwürdig ausgelegt werden. Dazu gehören unter anderem in einer ausreichenden (Durchfahrts-) Höhe angebrachte Schütten sowie an die Volumina der eingesetzten Waggons angepasste Vorratsbunker. Es wäre wenig glaubwürdig, wenn der geschätzte Inhalt der gesamten Anlage etwa nur einen Wagen ausfüllen würde.

Besonders reizvoll ist die auch in diesem Metier mögliche Kombination der Verladeanlagen mit einer schmalspurigen Lorenbahn, wie dies beispielsweise H0-Bahner mit entsprechenden Modellen von Busch oder Egger beziehungsweise Roco tun können. Auch der Einsatz einer abgewandelten Seilbahn von Brawa, bei der die Gondeln durch angehängte Loren ersetzt werden, ist denkbar.

Als zugehörige Anregung soll die nebenstehend gezeigte Anlage des Bahnhofs Pößneck dienen, deren Bauzustand und wichtigste Abmessungen die einzelnen Schnittzeichnungen von 1905 wiedergeben. Legt man die Brecheranlage mit einer durchgehenden Holzverkleidung aus, bereitet der Nachbau vergleichsweise wenig Aufwand. Ein ähnliches Bauwerk, nur deutlich kleiner und damit noch modellbahngerechter, ist der als H0-Bausatz aus Karton und Echtholz erhältliche Spatbunker von Busch nach einem realen Vorbild im Thüringischen Trusetal. Er ist zudem ab Werk für die Ausrüstung mit den hauseigenen Feldbahngleisen ausgelegt. Die Höhe der Schütten erlaubt allerdings keine Vorbeifahrt mit einer regelspurigen Rangierlok oder von Wagen mit hohen Bordwänden.

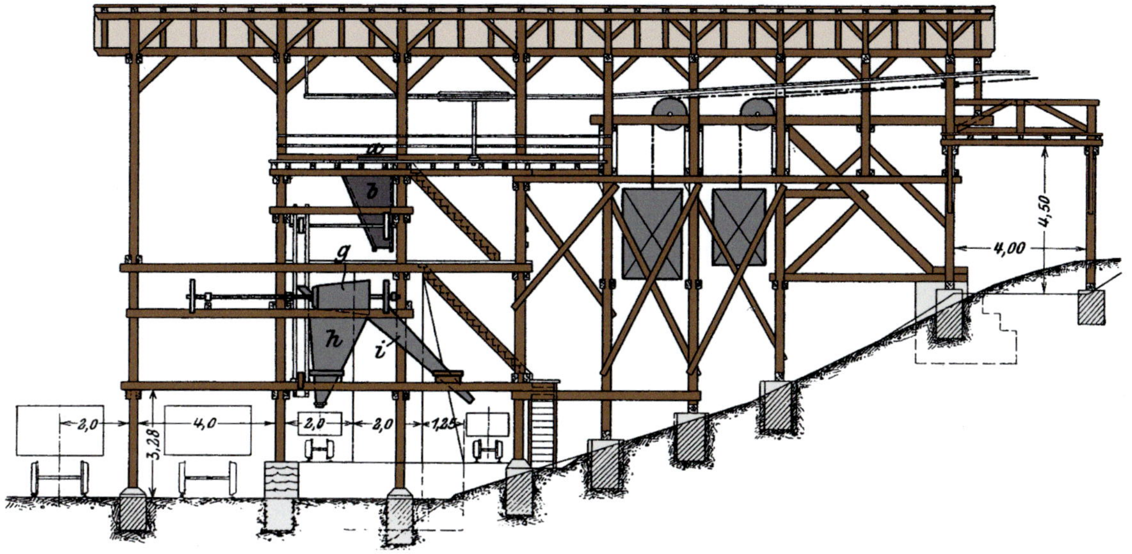


Das mit einer Seilbahn angelieferte Gestein gelangt via Brechanlage in verschiedene Bunkertaschen und von dort über Schütten in schmal- beziehungsweise regelspurige Waggons (Längschnitt, oben).
Für den Antrieb der mit Stand der Technik von 1905 üblichen Transmissionsriemen ausgestatteten Anlage sorgte ein ausgedienter Lokomotivkessel im separaten Haus (unten).

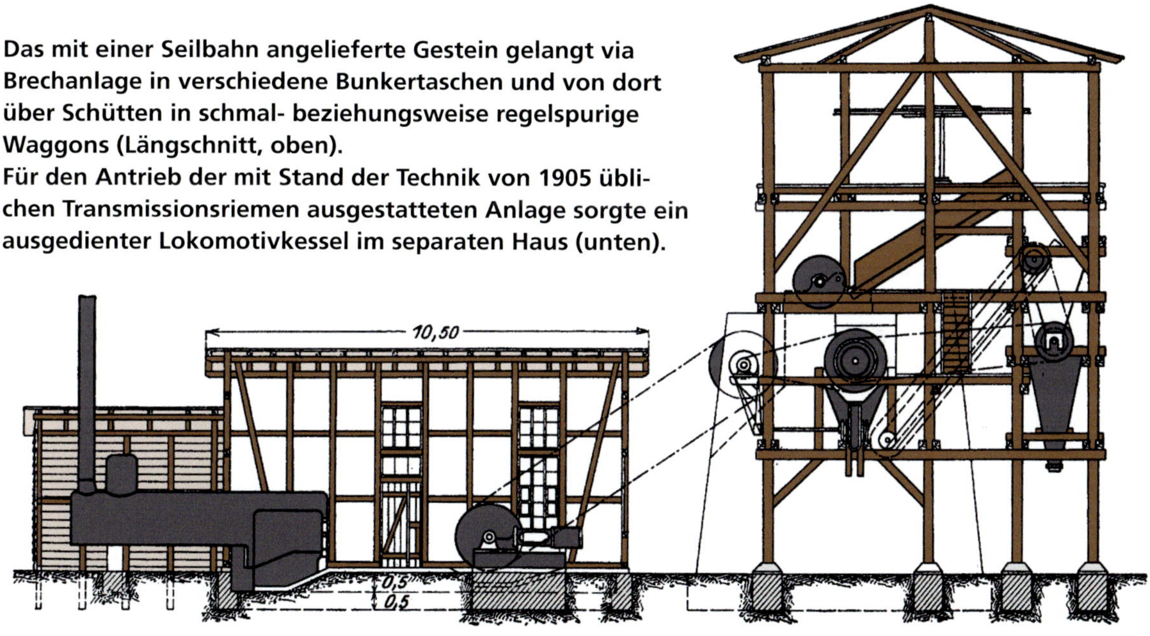


Der Bausatz Spatbunker von Busch trifft die Dimensionen der Pößnecker Anlage zwar nicht ganz, für Heimanlagen der Epochen I bis III stellt er mit seiner Echtholzbauweise aber eine recht platzgünstige Alternative im Maßstab 1:87 dar,

# 7 Zugbildung

Wie überall in der Wirtschaft gilt auch bei der Eisenbahn das Motto Zeit ist Geld. Von daher waren zu allen Zeiten die Bahngesellschaften bestrebt, die Zugbildung gerade im Güterverkehr möglichst rationell zu gestalten. Dazu zählte die Minimierung der Zahl der notwendigen Rangierfahrten ebenso wie eine dafür bestmöglichst passende Zugzusammenstellung. Schon deshalb bewährte sich recht schnell nicht nur die Trennung in Personen- und Güterverkehr, sondern dort nochmals die Trennung in Nah- und Ferngüterzüge. Während Ersteren die Flächenversorgung oblag, verbanden Letztere vorrangig wichtige Knotenbahnhöfe. Daran hat sich übrigens bis heute wenig geändert.

Bei einem klassischen Nahgüterzug mit Halt an Unterwegsbahnhöfen versuchte man deshalb, nicht nur die Wagen in nach Bahnhöfen sortierten Gruppen zusammenzustellen, sondern innerhalb einer Wagengruppe möglichst auch gleich nach Ladestellen des Bahnhofes vorzusortieren. Dazu fasste man beispielsweise Wagen für Güterschuppen, Ladestraße oder einen Anschließer in Untergruppen zusammen.

Eine derart detaillierte Wagenreihung war natürlich nur auf den direkt übergeordneten Knotenbahnhöfen möglich, wo die Rangierer beziehungsweise Wagenmeister die örtlichen Gegebenheiten der einzelnen Zielbahnhöfe kannten.

Weitere Einflussgrößen auf die Zuglänge waren neben der Gleislänge der Unterwegsbahnhöfe auch die Neigungsverhältnisse der Strecke. Diese bestimmten die Anhängelast bei Steigungen, während im Gefälle vordergründig das jeweilige Bremsvermögen bestimmend ist. Diese Parameter wiederum waren auch von der Leistung der jeweiligen Lok abhängig.

## ■ Keine Regel ohne Ausnahme

Bedingt durch technische Umstände gab es bereits recht früh zahlreiche Ausnahmebestimmungen bei der Zugbildung zu beachten. So durften zu Zeiten der Dampflok Waggons mit leicht entzündlicher Ladung, etwa Heu oder Stroh, nicht direkt hinter der Lok eingereiht werden. Allerdings war dieser Platz in der Regel sowieso dem an dieser Stelle in allen Zügen mitlaufenden Packwagen vorbehalten.

**Direkt hinter der Lok laufende Begleiterwagen waren selbst in der frühen Epoche IV noch das Markenzeichen der Nahgüterzüge. Später fuhren Rangierer auch aus Gründen des Komforts und der Unterhaltung lieber auf der Lok mit.**

**Zu den meistverbreitesten Güterzugloks zählte mit über 6000 Stück die Baureihe 52 (vorn), im Zuge des Zweiten Weltkrieges durch Vereinfachung der BR 50 entstanden. Während die DB ihre Loks bis Mitte der 1950er-Jahre ausmusterte, konnte die DR bis Mitte der 1980er-Jahre nicht auf die Loks verzichten. Wurden zunächst einige Loks generalüberholt und mit Mischvorwärmern ausgerüstet (hinten), erfolgte ab Mitte der 1960er-Jahre gar eine umfassende Rekonstruktion mit neuen Kesseln.**

Bis zur Einführung der durchgehenden Druckluftbremse ab 1910 galt es ferner zu beachten, dass die mit Bremsern besetzten Waggons gleichmäßig über den gesamten Zug verteilt waren. Zum Beginn von längeren Gefällen war es zudem üblich, zusätzliche Bremswagen einzustellen. Sie wurden nach erfolgtem Einsatz von einem bergwärts fahrenden Zug wieder zum Ausgangsbahnhof zurückgebracht.

Die seinerzeit üblichen Drehschemelwagen sollten bei Beladung mit Langholz zudem möglichst am Zugende verkehren, um in Neigungsstrecken Streckungen des Zuges durch Ladungsverschiebung zu vermeiden. Nicht selten führte starkes Bremsen vor allem bei Nässe zu schweren Quetschungen oder gar tödlichen Unfällen, wenn die Waggons unterhalb der Stammladung nicht fest gekuppelt werden konnten.

Mit Einführung der selbsttätigen Druckluftbremse galt die Regel, dass kein Wagen ohne funktionsfähige Bremse am Zugschluss eingestellt werden durfte, da diesen im Falle einer Trennung niemand abbremsen konnte. Wird ein solcher Man-

gel erst bei der Bremsprobe vor der Abfahrt festgestellt, muss der Waggon entweder abgehangen und stehen gelassen oder aber umrangiert werden.

## ■ Wagenarten

Nicht nur Zuglängen und eingesetzte Lokomotiven änderten sich im Lauf der Zeit, auch die Wagentypen waren einem steten Wandel unterworfen. In der Epoche I und II dominierten zwei- und dreiachsige Wagen mit eher kurzen Radständen, von denen der größte Teil offen oder gedeckt war. Viele Flüs-

**Die Bahnreform bescherte der Lokindustrie neue Impulse, die sich ab 2003 in der Fertigung neuer, sechsachsiger Großdiesselloks niederschlugen. Die markanten Blue Tiger (Mehano), auch als BR 250 bekannt, sind jedoch nur bei einigen Privatbahnen zu finden.**

sigkeiten und selbst Chemikalien wurden noch in Fässern oder Flaschen innerhalb geschlossener Wagen transportiert.

Nach der Wende zum 20. Jahrhundert kamen entsprechend der Fortschritte im Maschinenbau und der geänderten Nachfrage der Industrie zunehmend speziellere Wagentypen auf. Dazu zählten neben verschiedenen Kesselwagen auch Selbstentlade- und Kühlwagen. Bei den offenen wie auch ge-

deckten Wagen setzten sich zunehmend Stahl als Werkstoff sowie Drehgestelllaufwerke für eine höhere Laufruhe und steigende Geschwindigkeiten durch.

Die größte Wagenvielfalt herrschte jedoch in der Epoche III, als bedingt durch die große Nachfrage der Wirtschaftswunderzeit sowohl Länderbahntypen als auch Neubaufahrzeuge einträchtig nebeneinander verkehrten. Bei der DDR-Reichs-

**Typisch für DR-Containerzüge war bis zum Schluss der mangelbedingte Einsatz offener Wagen (oben).**

**Als Füllleistung zwischen D-Zügen konnten bei der DR auch Loks wie die BR 01 zu Güterzugleistungen herangezogen werden (ganz links bei Uhlstädt 1978). Die Nachbildung im Modell erregt sicher Aufmerksamkeit.**

**Kurze Nahgüterzüge mit fast historischem Wagenpark ersetzte die DB schon in den 1960er-Jahren durch LKW.**

**Bei DB-Schwerlastzügen hat sich die automatische Kupplung (Roco) durchgesetzt.**

bahn hielt dieser Zustand sogar bis in die Epoche IV hinein an. Zur Abdeckung aller Aufgaben konnte die DR noch in den 1970er-Jahren nicht auf ehemals preußische Wagen verzichten, obgleich zunehmend moderner Zweiachser wie etwa der Bauart Gbs oder offene Vierachser des Typs Eaos beschafft wurden. Weitere Kapazitäten schufen importierte Wagen, etwa aus DB- oder SNCF-Beständen.

Angesichts der wachsenden Konkurrenz der Straße und sich daraufhin wandelnder Transportketten besitzen die Bahnen heute kaum noch zweiachsige offene oder gedeckte Güterwagen. Schiebewand- und -planenwagen lösten letztere ab, weil sie mit Staplern rascher zu beladen sind als herkömmliche Typen mit nur ein oder zwei Ladetüren.

## Ganzzüge

Diese Zuggattung kam erstmals in den späten 1920er-Jahren im Kohle und Erzverkehr auf. Darunter verstanden die Bahnen zunächst feste Zugverbände aus einer einzigen Wagen-

**Schon in den 1920er-Jahren erprobte die DRG in ihren Montanverkehren den Einsatz von Ganzzügen. Der große Durchbruch kam aber erst nach dem Zweiten Weltkrieg. Geeignete Modelle finden sich bei fast allen Herstellern, einschließlich der zugkräftigen BR 44 (Roco) für die Epoche III.**

art, wobei einige auch nur aus einem einzigen Wagentyp bestehen konnten. Betriebliche Vorteile ergaben sich vor allem dadurch, dass der Rangier- und Kontrollaufwand für das Abfertigungspersonal deutlich kleiner war. Heute ist dies die bestimmende Zugart im Mineralöl-, Montan- und Baustoff- sowie Containerverkehr. Auch Holz-, Getreide- und Kalitransporte werden heute oft nur mit Ganzzügen abgewickelt.

Für den Schwerlastverkehr mit bis zu 6000 Bruttotonnen sind die Waggons mit Klauen- oder Starrkupplungen ausgestattet. Nötige Adapterwagen mit regulären Puffern und Schraubenkupplung kennzeichnete die DB ursprünglich mit

**Im Zuge der Bahnreform machten Wagenvermieter und Privatbahnen die Kohle- oder Erzzüge bunter.**

**Weil der sich anschließende Streckenabschnitt von Sömmerda nach Sangerhausen 1995 noch fahrdrahtfrei ist, hat die bereits abgebügelte Zuglok der BR 155 für den Umleiterabschnitt einen Vorspann in Form der BR 232 erhalten. Auf diese Weise können Modellbahner ihre Elektroloks auch ohne Fahrleitung vorbildgerecht einsetzen, denn derartige Umleiterverkehre über nichtelektrifizierte Strecken sind keine Seltenheit, sondern bei Baustellen und Unfällen regulärer Betriebsalltag.**

gelben Ecken. Entsprechende Garnituren finden sich regelmäßig im Roco-Sortiment, einschließlich passender Attrappen der Klauenkupplung.

Die Zahl der (Ganz-) Züge aus gedeckten Wagen dagegen ging seit Epoche IV zunehmend zu Gunsten der Containerverkehre zurück. In Form von Planenwagen finden sie sich jedoch noch im Auto- und Stahlverkehr.

## Sonderfall Elektrolok

In den Epochen I und II war es in der Regel unumgänglich, dass beladene Züge von Elektroloks immer mit zwei gehobenen Stromabnehmern gefahren wurden, sofern vorhanden. Der Grund lag im Aufbau der Stromabnehmer: Sie besaßen nur ein Kohleschleifstück, dass unter Vollast schnell überlastet und damit zerstört werden konnte. Von daher verteilte man die Last auf beide und reduzierte so den Maximalstrom.

In der Epoche III erhielten die Loks zunehmend Doppelschleifleisten, weshalb verstärkt mit einem Stromabnehmer gefahren werden konnte. Die Lokführer machten davon auch einen regen Gebrauch – und fuhren bevorzugt mit dem hinteren Pantografen. Vorteile für sie: Das Dach der Lok blieb länger sauber, da der Schleifleistenabrieb auf den ersten Wagen fiel und im Fall einer Beschädigung des Stromabnehmers durch hängende Tragseile etc. blieb der vordere stets unbeschädigt und konnte zur Weiterfahrt benutzt werden.

Heute ist es jedoch üblich, bei Kessel- oder Planenwagen sowie dem Transport hochwertigerer Automobile hinter der Lok mit gehobenem vorderen Stromabnehmer zu fahren, um

**Weil er einen Kesselwagenzug am Haken hat, fährt der KEG-Taurus im Oktober 2002 vorschriftsgemäß mit dem vorderen Stromabnehmer vom Münchener Flughafen ab.**
**Weil Mähdrescher nicht besonders durch Funkenflug gefährdet sind, verkehrt die seit einigen Jahren auch in Deutschland heimische SNCF-437 mit dem hinteren Stromabnehmer.**

Schäden an Wagen oder Ladung durch Abrissfunken oder Kohleabrieb zu vermeiden. Eine Ausnahme bilden lediglich einige Mehrsystemloks der Baureihen 182, 185/86 und 189 des internationalen Verkehrs, wenn sie aus technischen Gründen aufgrund der jeweiligen Länderpakete nur einen einzigen deutschen Stromabnehmer besitzen.

**Wer es beim Einsatz von Privatbahnlokomotiven sehr genau nimmt, der muss auch bei der Wahl der Waggons und Container darauf achten, was die jeweilige Bahngesellschaft fährt. Hier steht der Prototyp des Blue Tiger II (Mehano) in Diensten der ITL und bespannt einen Zug aus AAE-Tragwagen in Richtung Hamburg Hafen. DB-Fahrzeuge dürfen sich in diesem Zug deshalb nicht finden. Angesichts der fehlenden Fahrleitungsausstattung der Strecke muss es sich zudem um einen Umleiter-Abschnitt handeln.**

## Sonderfall Privatbahnen

Besondere Fallstricke lauern bei der korrekten Zugzusammenstellung in der aktuellen Epoche V/VI. Während hinter den Lokomotiven der DB AG beziehungsweise DB Schenker Rail fast alles laufen darf, was Räder hat, sollte man gerade bei den privaten Bahnen genau beachten, in welchem Segment sich diese bewegen. Allerdings sind auch die Modellbahnhersteller nicht immer frei von Irrtümern bei der Wahl ihrer Vorbilder und beladen DB-Wagen mit Privatcontainern oder auch umgekehrt. Detaillierte Hilfe bieten hier einschlägige Foren im Internet sowie eigene Vorbildrecherchen.

Der Hintergrund liegt neben den jeweiligen Kundenbeziehungen in der Verfügbarkeit von Waggons zu Beginn der Bahnreform Mitte der 1990er-Jahre: Freier Zugang war damals nur in der Bespannung von Bauzügen sowie Kesselwagen- und Containerzügen gewährleistet. Letzteres, weil die dort eingesetzten Waggons nicht der DB AG, sondern großen Vermietgesellschaften gehörten. Allerdings fuhren nicht alle Privatbahnen alles. Die Karsdorfer Eisenbahn bespannte mit ihren Loks nur Mineralölzüge, während TX Logistik nur Containerverkehre durchführte. Rail4chem dagegen traktionierte sowohl Mineralöl- wie auch Chemiezüge aus Spezialkessel- und Containertragwagen. Letztere dürfen im Modell jedoch keine DB-Eigentumskennung tragen. Die EfW, in der Regel mit Dieselloks im alten Bundesbahn-Lackierschema unterwegs, trifft man nur vor Bauzügen.

**Eine besondere Form des Einsatzes ausländischer Loks sind grenzüberschreitende oder Korridorverkehre (links). Diese führen etwa im Raum Zittau täglich tschechische Züge über deutsches Terretorium und erlauben Modellbahnern der Einsatz ausländischer Loks (CS train, Roco).**

## Detailfragen

Für die perfekte Ausgestaltung einer Modelleisenbahnanlage oder eines Dioramas sind winzige Details unverzichtbar. Obwohl sich in den letzten Jahren in den Sortimenten der etablierten Zubehörhersteller einiges veränderte, sind engagierte kleinere Hersteller weiterhin wichtige Lieferanten. Auch wenn deren Produkte teilweise nur über das Internet bezogen werden können. Nachstehend eine Auswahl:

■ **ASOA:** Der Münchener Kleinserienhersteller überzeugt durch sein breites Sortiment an vorbildgerecht und maßstabsentsprechend ausgesiebten Schottern und Sanden zum exakten Modellbau. Daneben befindet sich ein großes Kohlesortiment im Angebot.

www.asoa.de

■ **Busch:** Zur Ausstattung von DDR-Anlagen kommt man um die Laternen dieses Herstellers nicht umhin.

www.busch-model.com

■ **KOTOL:** Der Berliner Spezialist für Ladegüter der Epochen II und III bietet unter anderem Säcke, Kohlen, Fässer und vieles mehr zur Belebung von Ladestraßen und Güterschuppen.

www.kotol.de

■ **KLUBA:** Funktionsfähige und exakt maßstäbliche Weichen- und Straßenlaternen bietet der polnische Kleinserienhersteller. In Deutschland vertreiben KHK Köln und Modellbahn-Schildhauer die Produkte.

■ **Langmesser:** Der auf Landschaftsgestaltung spezialisierte Hersteller bietet ähnlich wie Werkstatt Spörle ein reichhaltiges Sortiment an Silikonformen zum Selbstbau von Ladestraßen, Lagerflächen, Rampen etc. Daneben offeriert Langmesser in Kooperation mit anderen diverse Farben-Sets zum Patinieren von Gebäuden, Fahrzeugen und Gleisanlagen.

www.langmesser-modellwelt.de

■ **modellbahn kreativ:** Zur Ausstattung von Güterbahnhöfen bietet der Chemnitzer Hersteller Hemmschuhhalter und Hemmschuhe nach DR-Vorbild sowie verschiedene Miniaturen von Gasflaschen und Fässern sowie weitere Ladegüter.

www.modellbahn-kreativ.de

■ **Weinert-Modellbau:** In dessen Sortiment finden sich neben filigranen Signalen und Signaltafeln zahlreiche Komponenten zur Nachbildung korrekter Weichen- und Signalantriebe mittels Drahtzug, wie sie in den Epochen II und III üblich waren.

www.weinert-modellbau.de

■ **Viessmann:** Ein breit gefächertes Sortiment an Bahnhofslaternen, Zugschlussbeleuchtungen und beweglichen Figuren machen den ursprünglichen Signalspezialisten zum interessanten Lieferanten von Zubehör für Güterbahnhöfe.

www.viessmann-modell.com

## ■ Anlagen und Dioramenbau

## Fotos Vorbild

**Clössner, Wolfgang:** S. 122;
**Deutsche Bahn AG:** S. 29;
**Kratzsch, Martina:** S. 24;
**Kratzsch, Nathalie:** S. 33, S. 42, S. 80;
**Kratzsch-Leichsenring, Michael U.:** S. 20, S. 28, S. 32, S. 43, S. 46, S. 47, S. 49 (2), S. 54/55, S. 59, S. 76, S. 93 unten, S. 102, S. 103, S. 109 (3), S. 114, S. 115 (2), S. 116, S. 118, S. 138, S. 139 (2);
**Reichsbahndirektion Erfurt:** S. 72 oben;
**Reichsbahndirektion Halle:** S. 22, S. 25, S. 26, S. 27, S. 48, S. 50, S. 51 (2), S. 62, S. 65, S. 69 oben, S. 74/75, S. 78, S. 91, S. 93 oben, S. 97, S. 100, S. 113 (2);
**Wagner, Andreas:** S. 30, S. 31, S. 134;

## Fotos Modell

**Kratzsch-Leichsenring, Michael U.** außer
**Kratzsch, Nathalie:** S. 101;
**Tiedtke, Markus:** :S. 10/11, S. 12/13;

## Grafiken

Verschiedene Aufsätze aus >>**Die Eisenbahntechnik der Gegenwart**<<, teilweise coloriert von Leikra Fotografie: S. 36/37, S. 38 (2), S. 54, S. 55, S. 56/57, S. 58 (3), S. 60, S. 61, S. 64, S. 72, S. 73, S. 78, S. 79 (2), S. 98 (3), S. 110 (2), S. 116/117, S. 120/121;
**Kratzsch-Leichsenring, Michael U.:**
S. 108, S. 125 unten;

## Quellenangaben:

**Die Eisenbahntechnik der Gegenwart**
Verschiedene Aufsätze aus Reprints des Archiv-Verlages Braunschweig 1997-1999;
**Gleispläne für die Modellbahn**
transpress-Verlag Stuttgart, (1987), 1999
**Modellbahn Bahnhöfe**
transpress-Verlag Stuttgart 2010;
**Modellbahnanlagen planen und gestalten**
Geramond-Verlag München 2009;

**Dienstvorschrift DV/DS 408**
DR und DB AG 1971-2007
**Konzernrichtlinien der DB AG**
Ausgaben 1994-2011

**Zeitschrift Der Modelleisenbahner**
Verschiedene Ausgaben 1954 - 1989;

## Weiterführendes

Ergänzende Informationen zu diesem Buch und den abgehandelten Aspekten vorbildgerechten Güterverkehrs im Modell lassen sich verschiedenen Beiträgen auf den nachstehend genannten Internetseiten entnehmen:

- **www.dreileiter-magazin.de** Originär zur Vorstellung von Wechselstrom-Neuheiten konzipiert, finden sich dort in den entsprechenden Rubriken etliche Anregungen zur Planung, Gestaltung und dem Betrieb von Modellbahnen. Zahlreiche Bildergalerien und Planungsbeispiele regen zum Nachbau an. Unter Digitales werden dort auch einige der hier vorgestellten Funktionsmodelle ausführlicher beschrieben.
- **www.bahnbetriebswerke.de** Dort stellen der bekannte Modellbauer und Fotograf Markus Tiedtke sowie sein Autorenteam regelmäßig Artikel und Bildergalerien zu Modellbahnthemen, ergänzt von hilfreichen Marktübersichten, ein.
- **www.leikra-foto.de:** In den jeweiligen Unterkategorien finden Modellbahner und Vorbildinteressierte zahlreiche Bildergalerien zum großen eisenbahnbetrieb als Anregung zur Nachbildung.

Anhängern gedruckter Informationen seien die aktuellen Buchausgaben des Verlages empfohlen.

# WEITERE INTERESSANTE BÜCHER ZUM THEMA

Der Elektronik-Experte Claus Dahl erklärt, wie der analoge Gleich-strombetrieb sinnvoll und effektiv für die Steuerung der Modellbahn am Gleis genutzt werden kann. Also genau das richtige Buch für alle Modelleisenbahner, die ihre Modellbahnanlage nicht digitalisieren möchten.
176 Seiten, 179 Abb., 165x230 mm
ISBN 978-3-613-71669-8
**€ 39,90 | € (A) 41,10**

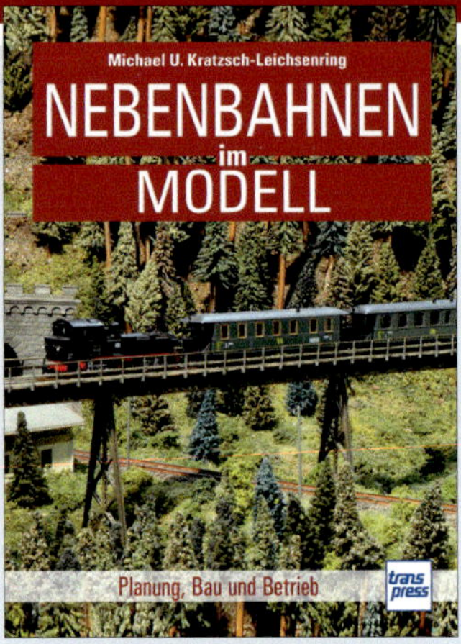


Die meisten Anlagen bestehen in der Regel aus Hauptbahnen mit hohen Geschwindigkeiten, großen Zugmassen und dichten Zugfolgen. Der Bau einer Nebenbahn eignet sich eigentlich viel besser für eine Modellbahnanlage. Grundlagen und praktische Anleitungen zur Planung und zum Bau finden sich hier.
144 Seiten, 208 Abb., 170x240 mm
ISBN 978-3-613-71711-4
**€ 39,90 | € (A) 41,10**

Hier ist das Buch, das Sie beim Aufbau einer neuen Modellbahn unterstützt. Es hilft beim Zeichnen eines Anlagenkonzepts und gibt Tipps zum Umsetzen des Entwurfs. Dabei geht es nicht nur um die richtige Führung der Zeichenschablone, sondern auch um das Thema der Anlage, um Bahnverlauf, Gleise und Weichen.
160 Seiten, 182 Abb., 170x240 mm
ISBN 978-3-613-71710-7
**€ 39,90 | € (A) 41,10**

Der unentbehrliche Ratgeber für die richtige Platzierung, den Einbau und den Anschluss von Signalen auf Modelleisenbahnanlagen. Autor Michael U. Kratzsch-Leichsenring gibt hier professionelle Tipps und zeigt die wichtigsten Arbeitsschritte. Komplettiert wird diese Anleitung durch eine Herstellerübersicht.
128 Seiten, 206 Abb., 170x240 mm
ISBN 978-3-613-71736-7
**€ 39,90 | € (A) 41,10**

Leseproben zu allen Titeln
auf unserer Internetseite

Überall, wo es Bücher gibt, oder unter
WWW.MOTORBUCH-VERSAND.DE
Service-Hotline: 0711 / 78 99 21 51
www.facebook.com/MotorbuchVerlag

Stand Februar 2025
Änderungen in Preis und Lieferfähigkeit vorbehalten.